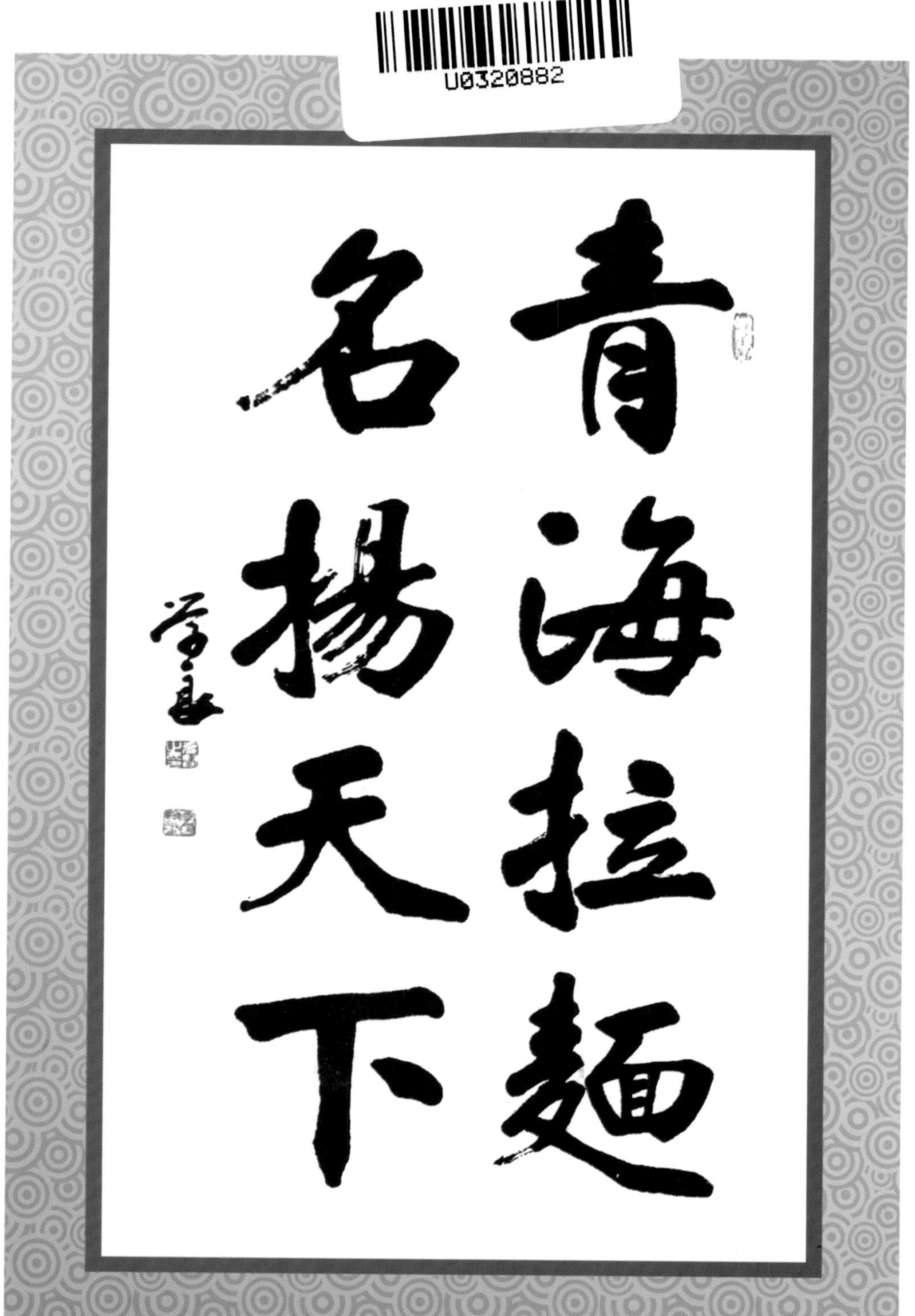

青海省伊斯兰教协会常委、青海省书法家协会理事、青海省西海书法画院院长、
中国张裕钊书法研究会理事马学良为本书题词

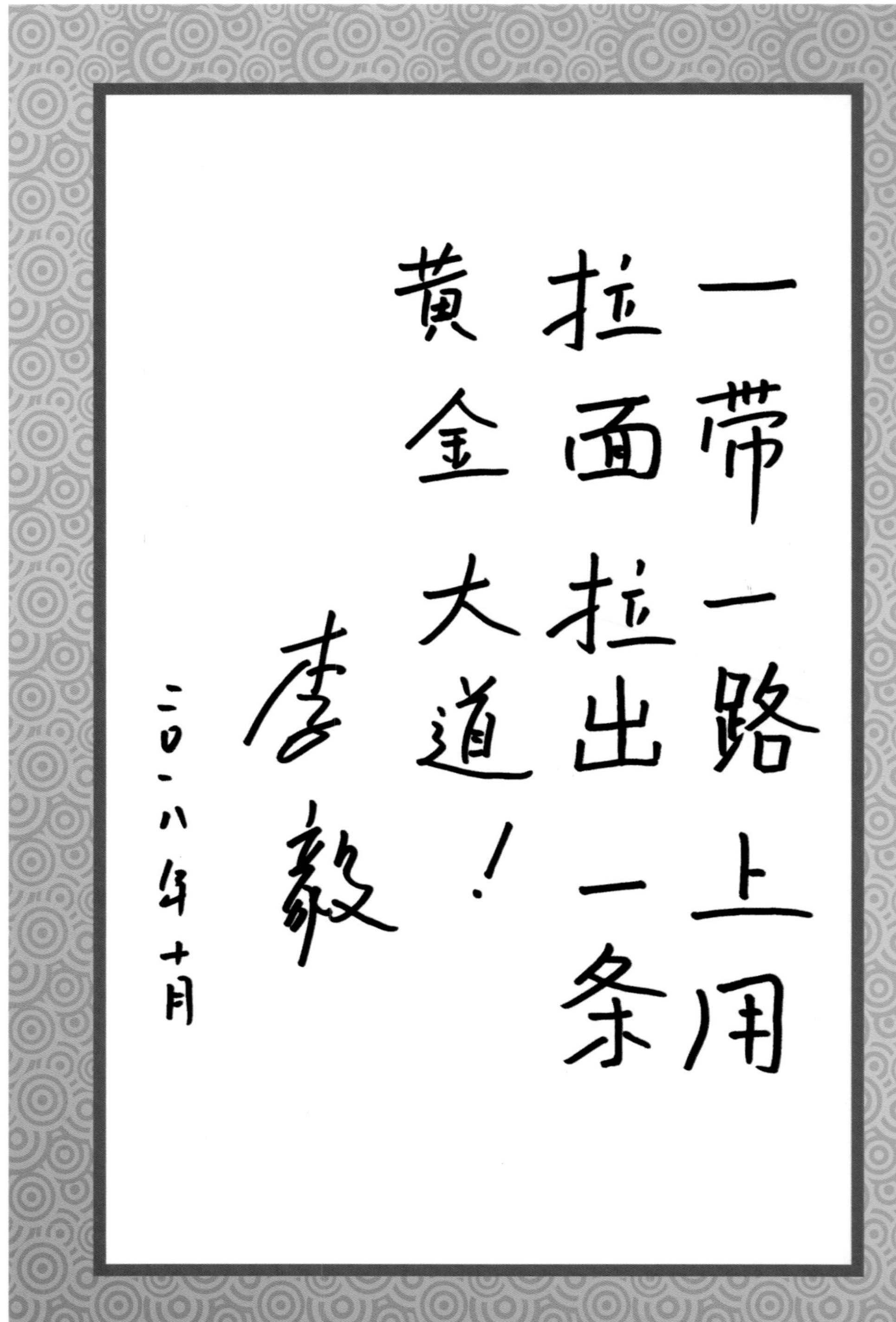

青海民族大学工商管理学院教授、副院长、经济学博士李毅为本书题词

青海省河湟拉面技能大赛

（2017 年青海·海东）

青海河湟拉面技能大赛隆重开幕

企业选手准备就绪

海东市市委、市政府领导亲临赛场

青海省餐饮行业协会拉面专家评委团就位

拉面大赛公证处与监督席人员就位

计分人员统计分数

青海电视台著名主持人现场主持

拉面选手大显身手

专家评委评审选手拉面作品

拉面赛场专设品尝区，供观众免费品尝青海拉面

大赛总裁判长马占龙宣读比赛结果

拉面大赛一等奖获得者

拉面大赛二等奖获得者

拉面大赛三等奖获得者

青海省“拉面经济”创新创业大赛

（2017 年青海·西宁）

青海省“拉面经济”创新创业大赛在省电视台演播大厅隆重举行

青海省人力资源和社会保障厅李榆林副厅长宣布大赛开幕

参赛拉面企业代表们

青海省餐饮行业协会会长马占龙与海东时报资深级记者董建人担任仲裁评委

参赛企业为拉面经济创新创业做演讲比赛

“化隆牛肉面杯”拉面技能大赛

（2018 年海东 · 化隆）

化隆拉面大赛 拉开帷幕

省市县领导和国家级评委前台就坐

裁判长宣读评判规则和评分标准

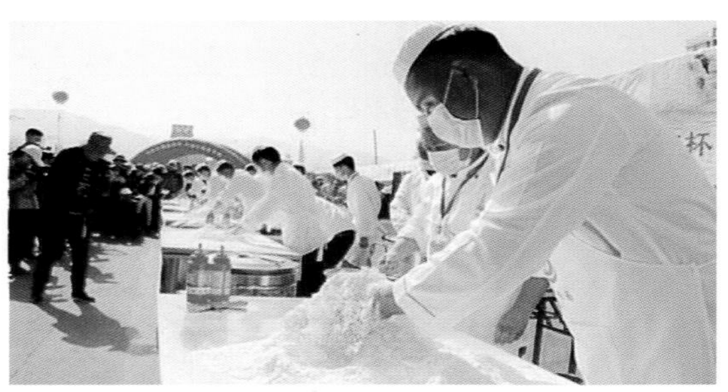

参赛选手已进入激烈的竞赛状态

拉面选手发挥精湛的拉面技艺

大鹏展翅的姿势展示毛细拉面品种

评委团全程评审拉面竞赛过程

荣获一、二、三等奖选手和领导评委合影

“中国工商银行杯”首届青海拉面技能大赛

（2018 年青海 · 海东）

青海省首届庆祝中国农民丰收节暨青海省第三届农展会开幕式

农展会亮点活动：首届青海拉面技能大赛

省、市领导与省餐饮行业协会领导

国家级、省级评委准备就绪

青海省天厨烹饪学校拉面培训班学员拉面技术表演

海东市就业服务局局长马金星致辞

青海省餐饮行业协会会长马占龙宣读比赛规则和评分标准

比赛现场

比赛现场

巾帼不让须眉——女选手大显身手

评审现场

青海省海东市张栋副市长与
中国工商银行领导为金奖选手颁奖

获奖选手留影

青海拉面

◎马占龙　主编

中国农业科学技术出版社

图书在版编目（CIP）数据

青海拉面 / 马占龙主编 . — 北京：中国农业科学技术出版社，2018.12
ISBN 978-7-5116-3791-8

Ⅰ . ①青… Ⅱ . ①马… Ⅲ . ①面条－制作－青海 Ⅳ . ① TS972.132

中国版本图书馆 CIP 数据核字（2018）第 160122 号

责任编辑　于建慧
责任校对　马广洋

出 版 者　中国农业科学技术出版社
　　　　　北京市中关村南大街 12 号　邮编：100081
电　　话　（010）82109708（编辑室）（010）82109702（发行部）
　　　　　（010）82109709（读者服务部）
传　　真　（010）82106650
网　　址　http ：//www.castp.cn
经 销 者　各地新华书店
印 刷 者　北京富泰印刷有限责任公司
开　　本　787mm × 1 092mm　1 /16
印　　张　13.5
字　　数　283 千字
版　　次　2018 年 12 月第 1 版　2018 年 12 月第 1 次印刷
定　　价　45. 00 元

青海拉面

编 委 会

主　编：

马占龙（中国烹饪大师、烹饪高级技师、餐饮业国家级评委、中国餐饮职业教育优秀教师、中国烹饪协会民族餐饮委员会副主席、青海省餐饮行业协会会长、青海省天厨烹饪学校党支部书记、校长）

副主编：

赵力强（青海省人力资源和社会保障厅职业能力建设处处长）

潘　立（青海省人才资源和社会保障厅就业促进和农民工工作处处长）

黄亚军（青海省就业服务局局长）

贾志军（青海省海东市人力资源和社会保障局局长）

岳才春（青海省商务厅贸易与市场建设处处长）

编写委员：

颜　敏　陈习新　雷有良　马金泉

前 言

世界有三大菜系：中国的中餐、法国的西餐、土耳其的清真菜。中国有四大风味：东辣南甜西酸北咸。中国的饮食文化博大精深，源远流长。风靡全国的青海拉面遍布于祖国的大江南北，全国各地的人都在做面，唯独青海人把那一碗小小的拉面做成了大文章，做成了一个名扬海内外的特色品牌。

2002 年 11 月，中国社会科学院考古专家叶茂林等在青海喇家遗址考古发现了一碗迄今为止世界上最古老的面条，“第一碗面”出自青海，它的历史足有 4 000 年。一碗倒扣于泥沙冲积物中的面条：长约半米，“身材”纤细，直径约 0.3 厘米，略呈黄色，样子很像现代拉面。2005 年 10 月 13 日，英国《自然》杂志刊发了青海喇家遗址出土齐家文化的面条状遗存的鉴定研究论文；这一考古成果有力地证明了面条不是意大利人的发明，也不是法国人的专利，而是生活在青藏高原东部的中华民族的祖先发明的。4 000 年后的今天，青海省海东市以化隆人为主的“拉面大军”，以数以万计的“拉面馆”为载体，将“牛肉拉面”从“面文化”的发源地“拉”向全国，打造出了富有民族特色的劳务品牌——“化隆牛肉拉面”，并逐步发展成为少数民族贫困地区的穆斯林群众脱贫致富奔小康的模式——“青海拉面经济”。于是，青海省历史学学士、对中国传统文化颇有研究的青海省委党校客座教授陈习新教授，海东时报资深级记者董建人主任，中国烹饪大师、国家级评委、青海省餐饮行业协会会长马占龙等多名行业专家积极投身于青海拉面的提档升级进行学术研讨。

青海拉面历史悠久，勤劳的青海化隆人民历经几代拉面人们的辛勤探索、改进，形成了“汤清、味醇，肉烂、面筋、营养丰富”和“一清二白三红四绿五黄”的独特风味。

青海拉面制作非常讲究，制作拉面面团时就要“三遍水、三遍

灰、九九八十一遍揉”，经“锤炼”后的面团，筋道十足。拉面师傅两手握住面剂两头做扩胸姿势，反复对折抻拉把面剂拉得越来越细，粗细均匀，薄厚一致，这一招一式的抻拉，舒展大方的动作，优美的协调姿势，干净利落的手法，最后的抻拉面条犹如大鹏展翅，面在锅中旋转犹如银龙翻江倒海，捞入碗中，舀入滚烫的牛肉汤，犹如瓣瓣盛开的菊花，观看青海拉面师傅的整个操作过程彷佛是欣赏杂技表演一般。

青海拉面所用的清汤是精选于海拔 3 800 米的青藏高原、无污染的牦牛肉、牛脊骨、牛棒子骨等，经过大火烧开再用 5 个小时的慢火精心熬制。汤清、透亮、微黄、营养丰富，煮肉所用的调料多至数十种，但每个拉面企业基本都有自己研制的独特调料秘方。青海拉面肉汤清亮、鲜醇、牛肉嫩烂、味道醇厚，拉面的手法潇洒优美，盛汤的动作娴熟自如，如在店中用餐，则有热情豪放的吆喝声相伴，随之，热腾腾的拉面端上来，拉面的醇香中散发着青海人的纯朴、执着的性情。

青海拉面在省内外发展的过程中，经过政府的大力支持和化隆几代人的不断改进、研究，赋予了这一传统小吃更完善的体系、更深的文化内涵。为了发扬青海拉面这一地方的特色品牌，对青海拉面的提档升级。作者依据多年的拉面培训经验，在相关有识之士提供的关于青海拉面资料的基础上，在青海省政府出台的 41 号文件精神的感召下，编写了这本《青海拉面》。本书以技术性、知识性、科学性为一体，向广大读者较系统地介绍了青海拉面的起源、发展、历史文化以及制作技术和食材的介绍。不仅供青海拉面学员学习，也可供在职青海拉面店的厨师参考，更适用于即将用青海拉面创业的人借鉴。

由于编写时间仓促，难免有不足之处，希望本书的出版能起到一个抛砖引玉的作用，望广大读者和行业人士提出宝贵的意见，以期再版时补充改进。为此，衷心向提供过相关资料的青海省质量技术监督局、青海省食品药品监督管理局、青海省职业技能鉴定指导中心，特别感谢青海省人力资源和社会保障厅李榆林副厅长、省职业技能建设处潘立处长对本书在编写过程中的精心指导和宝贵建议。同时也感谢青海省委党校客座教授陈习新的大力支持和鼎力配合。愿该书的出版使更多的人真正了解青海拉面，能为我们青海的拉面更加规范化、标准化、科学化，促进青海拉面向产业化、品牌化、连锁化方向发展尽一份力，弘扬青海饮食文化乃至中国饮食文化作出更大的贡献。

编者

二〇一七年十月

作者絮语

1976 年的夏天，准备升考小学五年级的我，因家庭经济的拮据，最终放下了心爱的书包，告别了校园，离开了慈祥和蔼的老师和那些活泼可爱而又憨厚的同学。

我的家乡是一个贫困的山村，由于祖辈们缺乏文化知识的意识和因素，同龄的年轻人都在煎熬中过着面朝黄土背朝天的生活。那朗朗的读书声和欢乐的校园，我时常只是在梦里听到、看到，于是暗下决心开始了我的自学生涯。

也许是我对饮食文化的执着，在我打工的生涯中，我被经常安排到厨房工作，目睹老厨师们引以为荣并热爱的烹饪事业，如饥似渴地学习前辈们精湛的厨艺、并坚持不懈地充实着自己对厨艺的梦想。在以后的近 30 年，我学习拉面、研究清真饮食文化和烹饪知识，坚定地追求理想，向我梦中渴望的地方迈进。

打工期间，厨房好似我战斗的阵地，白天我主厨掌勺烹出一道道美味佳肴；夜里在橘黄色的灯光下捧读烹饪书籍，汲取各大菜系知识的养分。我不顾高原地区变幻莫测的气候环境，在厨房伴随着锅碗瓢盆的交响曲对拉面汤料的研究和新菜品的研发度过了无数个不眠之夜，面对顾客对自己的菜品赞誉有加，我内心感到无比的自豪和荣耀，为青海省餐饮行业做出微薄的贡献，其苦也乐。

渊博的知识来自于勤学苦练，学点皮毛很容易，难得的是有一份持之以恒的心，甘坐冷板凳，学懂弄通回报社会，在成果的基础上还需要求博求精，后来我报考了四川烹饪高等专科学院、青海省商贸厅综合职业培训基地，并考取了两地的高级烹调师证书，在餐饮行业打下了坚实的基础。外地出差每到一所城市首先进的是新华书店，在饮食类和烹饪类的书架中寻找我所需要的那本书。

2001—2017 年我自费参加了中国烹饪协会主办，各地城市承办的全国厨师节和其他全国性的活动，中国清真餐饮发展之快，尤

其是青海拉面已遍布于祖国的大江南北，甚至青海拉面已走出了国门，走向了世界。

我们是清真美食的拥有者、创造者和守护者。我们是地地道道的青海拉面人，我们要沿着习近平总书记提出的“大力发展青海拉面经济”的光明大道，认真贯彻落实青海省政府 41 号文件的精神，继承、发扬、开拓、创新青海拉面这份宝贵的文化产业。我们要把青海拉面当成中国饮食文化的一项文化产业，向世界展现我们的清真饮食，我们的民族素质。

2017 年 9 月 8 日，我应邀参加了青海省海东市举办的河湟拉面技能大赛并担任总裁判长；9 月 29 日应邀参加青海省人力资源和社会保障厅主办的青海省“拉面经济”创新创业大赛并担任监督组评委。通过参加两次拉面大赛，发现青海省的拉面产业不仅是以前填饱肚子的一碗扶贫面，而是已逐渐形成了青海拉面人特有的产业品牌，并已经形成了规模。在此基础上，通过政府政策的支持，行业学者、专家的努力，编撰《青海拉面》。希望能在拉面行业起到引导、规范和标准化作用。

人生苦短，岁月更显珍贵，历史的脚步在时间的轨道上快速前进，愿所有的同行们发扬青海拉面产业品牌，将青海拉面推向全国，推向世界。为振兴青海的经济建设作出贡献。

马占龙

二〇一七年十月十五日

目录

青海拉面基础

青海拉面店的管理

附　录

青海拉面经济——以化隆县为例

化隆县地处青海省东部黄河谷地，是以农牧结合、农业为主的国家级扶贫开发工作重点县，县辖17个乡镇（6镇11乡），2个管委会，362个行政村，县境内山大沟深，自然环境恶劣，自然灾害频繁，县域经济总量小、发展水平低，贫困面大、程度深，县情集中了偏远、贫困、民族地区的基本特征。20世纪80年代末，广大群众在能人的带动和政府的引导、支持下，通过亲帮亲、邻帮邻的形式，在全国各地从事和发展“拉面经济”，创出了一条由“拉面产业”带动农业、农村发展和农民增收的的路子。2014年，全县常年在外从事“拉面经济”的人员达到1.24万户7.9万人，实现营业收入62亿、利润18亿元，分别占全市拉面经济营业收入（108亿元）和利润（32亿元）的57.4%和56.3%。农民人均纯收入为6 599.7元，其中拉面经济收入占40%，拉面经济收入在农民收入中占有“半壁江山”的地位。

为加快拉面经济健康快速发展，化隆县委、县政府在省、市的正确领导和大力支持下，多措并举，强力推进，不断健全完善工作机制，拉面经济的发展基础不断夯实。

一是服务机制不断完善

从2002年起，历届县委、县政府把发展拉面经济作为发展县域经济、促进贫困群众脱贫致富的一项“龙头”来抓，提出了“劳务富县”战略，出台了《关于进一步推进全民创业促就业工作的意见》，把扶持发展拉面经济作为全县创业促就业工作的重心。2007年以来，县委、县政府在省、市的大力支持下，县财政累计贴息近1 260万元，鼓励和发动全县干部职工提供工资担保，为2 300多户急需资金支持的群众发放拉面经济担保贷款近2亿多元，有效解决了外出发展拉面经济和继续扩大规模群众的资金问题，多次邀请上海、天津、广州、武汉、苏州等市相关部门来化隆县调研走访，互通情况，并组织人员到上海、苏州等地考察取经，协调解决矛盾纠纷，加强与拉面店和务工人员相对集中地政府及相关部门的联席协调，共同做好拉面从业人员的服务管理工作；在全国51个大中城市设立了驻外办事机构，从全县行政事业单位中选派92名工作人员赴全国各地办事机构脱岗开展协助服务管理工作，为拉面经济的健康发展搭建了良好的服务平台，驻外办事处被群众亲切地称为“挎包主任”。这一做法得到了原海东地委、行署的认可和支持，于2000年将厦门办事处升格为地级驻外办事处。各驻外办事处工作人员累计解决外出务工群众在用工、子女上学等方面的实际困难和问题 1 600 余件，调处矛盾纠纷 1 200 余起。同时，在外地的拉面经营户中成立了 30 个临时党支部、34 个农民工工会和拉面协会以及 63 个拉面经济经纪人组织，加强了自我管理服务。民政、公安等部门协同驻外办事处分赴各地，为群众上门办理劳务输出证、身份证、婚育证等证件 2.5 万余件，为在外从事拉面经济的群众提供了及时便捷的服务。化隆拉面经济的发展引起了海东市市委、市政府高度关注，2014 年，海东市市委、市政府在总结多年发展经验和广泛调研的基础上，出台了《关于进一步促进拉面经济发展的意见》，为化隆拉面经济发展提供了更有力的保障。

二是规范化水平不断提升

为切实加大品牌保护力度，进一步提升品牌效应，2004 年，化隆县委、县政府在组织相关部门实地考察和研讨论证的基础上，在国家工商总局注册了化隆拉面商标。并从当年起县财政累计投资 1 260 余万元实施了“四统一”（统一装饰风格、统一店员服饰、统一拉面简介、统一店名牌匾）推广、“五好经营户”争创（守法经营好、环境卫生好、优质服务好、文明经营好、诚实守信好）和化隆牛肉面授权牌匾制发等活动，示范引导拉面店规模化发展、规范化经营。截至目前，“四统一”示范户达 1 500 家，“五好经营户”达 2 000 家，围绕拉面经济注册的商标达到 70 多个。

三是宣传推介不断改进

各相关部门利用春风行动等一系列活动，通过制作发放《农民工维权手册》《农民工务工指南》等宣传材料和《化隆拉面香四方》《拉面祝安康》和《牛肉拉面的诱惑》等宣传光碟，大力宣传化隆拉面品牌，几年来累计在《人民日报》《农民日报》《青海日报》以及《青海党的生活》等报刊杂志上发表涉及拉面经济的报道 121 篇，在 CCTV、青海卫视等主流媒体上播出新闻报道 11 次。省委、省政府主要领导对拉面经济的宣传报道高度关注，并做了重要批示，为推动拉面经济快速发展起到了重要作用。各乡镇和有关部门结合中央、省委 1 号文件宣讲等活动，组织干部职工和致富能人开展培训讲座和现身说法，宣传拉面经济品牌优势、维权常识、创业技能等知识。县就业局积极组织参加全国性的“创业成果展”和“青洽会”等活动，协同青海卫视《天天低碳》栏目组成功举办了青海省第一届“拉面之王”争霸赛，向各地、各阶层大力推介化隆拉面经济。通过多种形式的宣传，化隆拉面经济的知晓率和认知度进一步提升，为拉面经济的发展营造了良好的环境。

四是竞争力不断增强

县就业、扶贫、教育等部门协调配合，依托“阳光工程”“雨露计划”等各类培训项目，重点围绕拉面经济扎实开展了拉面经营户创业和烹饪等技能培训。“十一五”以来，全县累计投资 1 840 万元，对 3.4 万名农村劳动力开展了拉面匠、厨师等工种的技能培训，为拉面经济发展输送了大量技术型实用人才，切实增强了化隆拉面的市场竞争能力。2010 年化隆拉面代表青海唯一特色餐饮入驻上海世博会中华美食街、世博园区世博村清真餐饮区，并获得了“服务世博名特菜点”的荣誉称号。2010 年在中国（宁夏回族自治区）国际贸易洽谈会暨中阿经济论坛回族传统名小吃评比中，化隆拉面获得了金奖，化隆拉面及其系列品牌的市场认知度和竞争力进一步增强。

五是回乡创业队伍不断壮大

化隆县委、县政府积极鼓励广大外出从事“拉面经济”并致富的群众返乡创业，发展地方经济。相关部门通过项目推荐、创业培训、贷款扶持等一系列措施，鼓励引导群众返乡投入到家乡的经济发展和新农村建设当中，呈现出了“人回转、钱回流，企回迁、业回创”的格局，全县范围内涌现出了一大批如韩东、韩进录、冶二买等投身家乡建设的优秀企业家，“中发源”“大西门”“伊兰世家”等一批清真餐饮业经济实体在省内外享有盛名，为化隆的经济建设和社会发展作出了积极的贡献。

实践证明，拉面经济的发展，实现了经济效益和社会效益的双赢。一是增加了农民收入。随着拉面经济的发展，拉面经济对农民收入增加的贡献率不断增大，拉面收入在农民人均纯收入中的比重由 2000 年的 20% 增加到现在的 40%。拉面经济使部分贫困群众脱了贫、致了富，全县范围内涌现出了一批“拉面村”“轿车村”“老板村”和“小康村”，部分从事“拉面经济”的群众成长为“致富带头人”。二是转变了观念，促进了社会的和谐稳定。在拉面经济的带动下，全县走出去创业就业的人越来越多，劳动力输出从 2000 年的 4.6 万人次增加到 2014 年的 11 万人次。长期在大中城市生活的农民逐步融入大都市生活，主动适应当地管理，遵纪守法、维护团结的意识也不断增强，涌现出了马清明等“民族团结先进个人”和马牙古拜等拾金不昧先进事迹。返乡后的农民带动周边群众创业增收，农村呈现出经济发展、社会和谐、民族团结的良好局面。三是带动了产业，促进了县域经济发展。部分群众通过从事拉面经济有了一定的资金积累后，回乡投资发展特色农业、餐饮宾馆、牛羊育肥、加工冷藏、房产建材、交通物流等，有力地促进了县域经济发展。目前，拉面经济回乡人士创业涉及餐饮宾馆、牛羊养殖、建工建材等 23 个行业，在全县开办的民营经济实体达到 385 个，实现年产值 8.6 亿元。

30 多年来，经过省市各级党委、政府的政策支持、信贷扶持和少数民族群众的不断探索，截至 2016 年年底，海东市农村少数民族群众在全国 270 多个大中城市开办的拉面店达 2.52 万家，在东南亚及周边国家和地区开办拉面店 200 多家，从业人员 16.4 万人，“拉面经济”及相关产业经营收入达 111.58 亿元，实现利润 33.05 亿元，从业人员工资性收入 36.48 亿元。“拉面经济”已成为海东市促进广大少数群众脱贫致富的一条好路子，

对于增加贫困人员经济收入、促进劳动力就业、发展地方经济、维护社会和谐稳定发挥了十分重要的作用。拉面经济的迅猛发展得到了中央领导的充分肯定。2016 年 3 月 10 日上午，习近平总书记参加十二届全国人大四次会议青海团审议时听说现在青海有 2.8 万家拉面店，18 万人在全国各地从事拉面经营，不少人都由此成为了企业家，总书记对此表示肯定；2016 年 8 月底，习近平总书记在青海考察时，强调“要打好高原有机特色牌，着力发展高品质牛羊肉、枸杞、马铃薯、油菜籽等特色农产品，积极发展‘青海拉面’等特色食品，推动农民增加收入、脱贫致富，实现农牧业和生态环境保护有机统一”。青海省委书记王国生同志要求：“我们要牢记总书记的关心和嘱托，以精准扶贫为重点，以就业增收为目标，坚持市场主导和政府引导相结合，龙头带动和群众行动相结合，走出省门和返乡创业相结合，加强政策扶持力度，强化职业技能培训，建立健全服务体系，着力推动‘青海拉面’提档升级，为就业增收、扶贫攻坚做出新的更大贡献。”

为了认真贯彻落实中央、省领导指示和全面贯彻落实省委十二届十三次会议精神，不断推动拉面经济持续健康稳定的发展，青海省人民政府出台了《关于进一步推动青海拉面经济发展促进就业创业的实施意见》，围绕推动拉面升级扩面、培育青海拉面优质品牌、加强技能培训提升、建立全面服务体系、加大资金支持力度等具体办法，对青海拉面发展进行了全面规划和部署。海东市按照省实施意见的要求，结合《海东市进一步促进拉面经济发展的实施意见》，在认真研究政策的基础上，结合海东市实际，草拟了《关于落实省、市促进拉面经济发展实施意见的实施办法》，以上报上级部门审批下发执行，推动拉面经济品牌化、特色化、连锁化发展。近年来，海东市积极挖掘和打造具有青藏高原特色和清真饮食文化特点的拉面经济品牌，广泛开展品牌打造注册、宣传推广活动，力促拉面经济提档升级、转型增效。“化隆牛肉拉面”“循化撒拉人家”“中发源”“撒拉花儿”“星月阁”“骆驼泉”“海尼尔”“伊麦尔”等一大批拉面品牌叫响全国，多数拉面馆“小、散、乱、脏、差”的形象已逐步被装修精美、特色菜品、环境舒适、文化内涵突出的品牌形象所取代。以拉面品牌引领连锁经营的升级版已全面开展。

“拉面经济”——化隆县穆斯林群众脱贫致富奔小康的新模式

中共青海省海东市委党校　陈习新

一、案例背景

世界上“第一碗面”出自青海，2002 年 11 月，中国社会科学院考古专家叶茂林等在青海喇家遗址考古发现了一碗迄今为止世界上最古老的面条，它的历史足有 4 000 年。一碗倒扣于泥沙冲积物中的面条：长约半米，“身材”纤细，直径约 0.3 厘米，略呈黄色，样子很像现代拉面。2005 年 10 月 13 日，英国《自然》杂志刊发了青海喇家遗址出土齐家文化的面条状遗存的鉴定研究论文；这一考古成果有力地证明了面条不是意大利人的发明，也不是法国人的专利，而是生活在青藏高原东部的中华民族祖先的发明。4 000 年后的今天，青海省海东市以化隆人为主的“拉面大军”，以数以万计的“拉面馆”为载体，将“牛肉拉面”从“面文化”的发源地“拉”向全国，打造出了富有民族特色的劳务品牌——“化隆牛肉拉面”，并逐步发展成为少数民族贫困地区的穆斯林群众脱贫致富奔小康的模式——“拉面经济”。

化隆回族自治县位于青藏高原东部，是一个以回族为主体的多民族聚居县，是国家扶贫开发重点县，有回、汉、藏、撒拉等 12 个民族。全县总人口 27.6 万人，农业人口 22 万人，贫困人口 15.5 万人以上。生产以农为主，以农牧结合为辅，黄河穿境而过，流程达 168 千米，由于境内有李家峡、公伯峡等 7 座大中型水电站，沿河农田成了淹没区，山上又要退耕还林，长期以来化隆人过着“望着黄河吃不上水，守着电站用不上电”的生活，有的村庄长期靠煤油灯照明，通水、通路、通电是化隆人的梦想。20 世纪 70—80 年代，群众生活苦不堪言，为了生计，有一些人甚至铤而走险到可可西里盗猎藏羚羊，有的在家制枪贩枪从事违法犯罪活动，境内一度形成了制枪贩枪的“黑三角”，有的人因犯罪锒铛入狱，甚至人头落地，有的家庭因犯罪致贫，有的家庭因犯罪妻离子散，家破人亡……“山重水复疑无路，柳暗花明又一村”，90 年代初，化隆农民终于找到了一条脱贫致富的路———外出“拉面”，从此，化隆人的生活因为“拉面”而改变。

从 20 世纪 90 年代起，在改革创新精神的感召下，化隆人以“敢为天下先”的创业精

神，用“亲帮亲，邻帮邻”的互助合作方式，走上“进京津、下江南”开牛肉拉面馆的创业之路。经过20多年的艰辛探索和发展，把一碗面拉成一条产业链，拉出了一条少数民族贫困地区脱贫致富的新模式——拉面经济。如今，拉面经济已经成为该县的支柱产业，有7万农民长年在外从事“拉面经济”，在全国270个大中城市中分布着近1.2万家化隆拉面馆，拉面业年收入达5.6亿多元。形成了全国餐饮行业中经营店面多、区域广、影响大、效益好的发展态势，涌现出了“中发源”“大西门”“群科长春苑”“都市绿洲”“伊滋味”等一批享誉省内外的餐饮企业。在化隆人的带动下，邻近的循化撒拉族自治县和民和回族土族自治县、平安县、西宁市的近30万穆斯林群众走上了“拉面致富”的道路。青海省人力资源和社会保障厅的统计数据显示，全省回族、撒拉族等群众开办的牛肉拉面馆已达3万家，在国外开店500多家，年总收入超过20亿。“拉面”是我国北方的家常小吃，但是化隆人通过“群众自发、政府引导”，上下合力将其打造成了一个能够支撑县域经济的品牌：2005年化隆县被劳动部确定为全国劳务输出示范县；2007年11月6日，在郑州市主办的首届全国劳务品牌展示交流大会上，“化隆牛肉拉面”获得了全国优秀劳务品牌奖；2009年7月，化隆县扎巴镇“扎二村”被省、地、县三级党校确定为“现场教学实践基地”；2010年“化隆拉面”入驻上海世博会“中华美食街”，被评定为“服务世博名特菜点”；2010年12月化隆县被国家人力资源和社会保障部评为首批全国农村劳动力转移就业工作示范县。2011年1月，在中国（宁夏）国际贸易洽谈会上“化隆牛肉拉面”被中国烹饪协会授予金奖。化隆“拉面经济”是由群众自动自发和政府扶持引导相结合而发展起来的一种经济现象，经过近30年的探索发展和影响带动，目前“拉面经济”已经成长成为海东市少数民族贫困地区脱贫致富奔小康的“龙头产业”，是海东市转移农村富余劳动力的劳务品牌。这一发展模式对西部少数民族贫困地区脱贫致富奔小康具有一定的示范性和典型性。

二、主要做法

（一）“拉面经济”的兴起——群众自发、亲邻相帮

在改革开放政策的指引下，1984年春天，家住加合乡下卧力尕村的韩录，成为第一个走出大山吃螃蟹的人，他单枪匹马前往西藏自治区拉萨，在帐篷里开了化隆人的第一家拉面馆“兰州牛肉面”。并因此而成为远近闻名的“万元户”，在受到政府表彰同时，也成为村里人学习的榜样，因为他为化隆农民走出大山寻找生计趟出了一条路。1989年春他又携妻到了经济特区厦门，在火车站附近租了一间房子，开起了化隆人在内地第一家“清真牛肉拉面馆”。当时南方人对吃牛羊肉、面食都不太习惯，他把拉面案子摆在门前，每天把自己的拉面技艺展示给游人，吸引了不少游客到他的店内品尝牛肉拉面的滋味。他的拉面馆干净卫生，而且价格便宜，每天门庭若市，很快在南国厦门打开了局面，当年他的纯收入达到了5万元，于是，韩录打电话动员家乡的亲朋好友前来厦门开“拉面馆”，在

韩录的带动、帮助下第一批化隆拉面馆共五家在厦门立住了脚跟。1991 年 9 月韩录被印尼官方邀请参加了雅加达食博会面食节，与世界上 32 个国家和地区的面食大师进行了擂台赛，获得雅加达食博会面食节特别奖。1996 年春他筹资 120 万元，到菲律宾马尼拉开起了“中国大西北清真牛肉面馆”。1997 年韩录被菲律宾一商人聘为酒店面食师傅，月薪 1.3 万美元。在一次面食献艺大赛上，他尽情展示拉面技艺，获得了 15 万美元大奖。从此，他在菲律宾的牛肉面馆生意兴隆，天天食客爆满。韩录创业的成功故事，在化隆民间口口相传，极大地激发了化隆农民“拉面创业”的信心，很快就转化成了“东进南下”东南沿海城市“拉面”行动。

从此，化隆人“亲帮亲，邻帮邻，或携家带口或托亲靠友”地走出大山、走出化隆，以青海省西宁市为中心，足迹遍布北京、上海、天津、广州、深圳、厦门等沿海内地的大城市，一个个“正宗兰州牛肉拉面”或“西北牛肉拉面”或“西域牛肉拉面”或“化隆牛肉拉面”馆，犹如雨后春笋在这些城市中落地生根，开花结果。 有的还走出国门，发展到印度尼西亚、菲律宾、新加坡、德国、日本等十多个国家。

（二）“拉面经济”的发展

1. 政府发力，因势利导

为发展“拉面经济”，化隆县成立劳务输出及创业促就业工作领导小组，把发展“拉面经济”作为发展县域经济，促进贫困群众脱贫致富最直接、最有效的“龙头”带动产业，通过政策引导、品牌带动、鼓励扶持、健全机构等一系列措施，促进了“拉面经济”的发展壮大。从全县行政事业单位中选派 88 名工作人员，在全国 65 个化隆拉面馆集中的大中城市设立了驻外办事处，并引导务工群众成立了 30 个临时党支部、34 个农民工工会和拉面协会以及 63 个“拉面经济”经纪人组织，积极为“拉面”务工人员在办理证照、子女入学、劳务信息、面馆转让、法律援助、调解内部纠纷、协调与输入地的关系等方面提供服务，解决了务工人员的后顾之忧。

2. 发放贴息贷款，鼓励创业

为鼓励农民外出创业，化隆县自 2007 年起，就由县财政贴息，鼓励和发动全县行政事业单位的干部职工提供工资担保，村委、乡镇政府筛选推介贷款人，贷款人寻找行政事业单位职工做担保，再由县就业、财政等部门审查核实后，由农村信用社核批发放小额贷款。截至 2013 年年底，先后发放贴息贷款 732 万元；争取省、市融资平台为 2 300 多户急需资金支持的农户和下岗职工发放“拉面经济”担保贷款一亿多元，有效解决了广大群众“拉面创业”的资金困难问题。“拉面经济”已成为化隆县破解“三农”难题的重要举措，成为推进城乡劳动力转移，解决农民和城镇下岗职工再就业，增加农民收入的有效渠道。

3. 注册商标，打造品牌

自2004年在国家工商总局注册“化隆牛肉拉面”品牌后，全国各大中城市拉面店中开展了“统一装饰风格、统一店员服饰、统一拉面简介、统一店名牌匾”的“四统一”示范店推广活动。同时开展“守法经营好、环境卫生好、优质服务好、文明经营好、诚实守信好”为内容的“五好经营户”争创活动，为了使争创活动有序进行、更具合理性，各地驻外办协调争取输入地城管、环保、工商、卫生、民宗等部门参与评选活动，极大地激发了拉面经营者的创业热情，截至2013年年底，“四统一”示范户达810家，“五好经营户”达900家，得到了劳务输出地相关部门的认可和广大消费者好评。

4. 强化培训，提升“拉面人”的技能水平和职业素养

政府从职业道德、规范标准、市场信息、经营理念、卫生常识、卫生管理、维权保障知识等方面对经营业主进行规范化的培训，以提高“拉面”的技术水平和“拉面馆”经营管理水平。

从1999年开始，按照“先培训，后输出”的原则，采取“政府扶持、齐抓共管”千方百计加大投入，多渠道、多层次、多形式地开展“两个培训”。一是融入当地社会、增强法律意识、树立“化隆拉面”形象的培训。二是根据市场需求和劳动力素质要求，有针对性地开展职业技能培训，合理利用各种培训资源，采取长班培训与短班培训相结合、职业培训与订单培训相结合、县内技能培训与省外（SYB）培训相结合，提高综合素质，实现由单纯的“体能型”向“技能型”和“智能型”的转变。使农民工学得一技之长、发挥一技之长，最终达到“走得出、站得住、干得好、有钱赚、形象好、品行端”的目的。化隆县累计投资1 840万元，培训以拉面匠为主农民工3.4万人(次)，转移输出农民工11.5万人(次)以上，为“拉面经济”的可持续发展提供了可靠的人才保证。

5. 完善产业化经营，鼓励回乡创业

为了从源头上保证拉面馆食材的安全，必须有快捷安全的食材产、供、销网络。政府通过项目推荐、创业培训、贷款扶持等一系列优惠措施，鼓励引导部分有条件的拉面经营者返乡创业。截至2013年年底，全县共有156户拉面就业者返乡创业，在当地从事牛羊繁育基地、油菜籽种植基地、冷藏配送网络、宾馆餐饮服务等23个行业。申报龙头企业10家，专业合作社61个，现在全县共成立农业合作社399个，带动农户14 861户，初步建立了“拉面经济”后方食材供应基地，完善了“拉面经济”产业化经营的链条，保障了“拉面经济”的可持续发展，促进了地方经济和新农村建设。

三、主要成效

起始于化隆县的“拉面经济”原本是农村的一项副业，其直接目的对于群众来说是养家糊口，对于政府来讲是转移农村剩余劳动力，但经过近三十年的探索发展，正在成为一个全省性、普惠性的特色产业。

（一）从产业规模上看，已具有全局性

根据2013年年底的调查数据，化隆县已有11 530户共7.28万人从事拉面业，年收入达5.6亿元，占全县劳务总收入69%。拉面馆已遍布全国270个城市。仅广东约3 500家、上海1 900家、天津1 700家。经过长期积累办起大酒店的也不在少数，如深圳的中发源大酒店、杭州伊滋味连锁店、西宁的大西门餐饮城、群科长春苑、海东都市绿洲生态园等；化隆县还出现了“老板村”“汽车村”“楼房村”等；有的拉面馆已进军中国香港、中国澳门和新加坡以及中东阿拉伯国家。

（二）从受益面看，具有普惠性

首先从经营特点看，拉面业是一个门槛低、技术要求不高、经营风险不大、普通群众经过一定的技能培训均可成为经营者的大众化产业。一个拉面馆就是一个或大或小的业主制企业，不仅有劳务输出，也有资本输出。外出“拉面”的务工人员“第一年打工做跑堂，第二年学做拉面匠，第三年自己开业做老板”，它所成就的不是一般的熟练工人，而是大量大大小小的业主，它所带来的是共同富裕，而不是少数经营者的暴富。其次，从收益层面看，拉面业具有广泛的社会效应，除了直接使农民脱贫致富外，还有以下效应：一是在输入地文化的熏陶下能够增强经营者的文明意识、法治意识、管理意识、开放创新意识、包容互惠意识，有利于快速地提升经营者的自身素质；二是随着越来越多的经营者举家迁移至内地沿海城市，下一代必将得到优质教育，有利于提高经营者的家庭素质，能更好地解决穆斯林的城市融入问题；三是大量农业人口流入东南沿海大中城市，减轻了当地的生态压力，有利于三江源地区的生态保护；四是在全国范围内解决了穆斯林吃清真餐难的问题，为许多打工者、出差旅游人员、大学生提供了廉价快捷的餐饮服务；五是为西部少数民族贫困地区闯出了一条脱贫致富的路子。

（三）从产业性质看，具有特色性

拉面业具有民族和地方特色，是适合大众口味的绿色餐饮业。“化隆牛肉拉面”是在“兰州牛肉面”的基础上改进而来。经过“三遍水、三遍灰、九九八十一道揉”，手工揉和拉制而成。和、揉、抻、拉，是“化隆牛肉面”制作工艺中最重要的几个环节。一根面完全抻开，用时不超过2分钟，而且首尾相连，细如缕缕银丝，长达百米，不黏不断。

“化隆牛肉面”之所以能够走向全国270个城市和周边十几个国家，赢得众多的消费者，形成一个县域经济的品牌，首先，它的最大优势在于是纯粹的绿色食品，没有任何化学添加剂，选料地道，货真价实，牛肉选用“吃着冬虫夏草、藏雪莲、红景天等名贵中草药，饮着天然矿泉水而长大”的青藏高原牦牛肉；羊肉选用的是化隆有名的藏系绵羊——“当地羊”，膻味小、肉质鲜嫩，符合沿海和内地人的口味；油，选用的是青海菜籽油；辣椒选用的是循化仙椒；都是纯天然绿色食品，营养价值极高。其次，做工精细，标准一致，一清（汤清不浊），二白（面条白净），三红（辣油要红），四绿（配菜要绿）。再次，化隆牛肉拉面，简单实惠，价廉物美，既能体现现代人们生活的快节奏，同时是一

种穆斯林“清真”餐饮文化享受。

（四）从社会效益的角度看，具有示范性

由化隆人带头发展的拉面产业已波及到全省穆斯林聚居地区。化隆的“拉面经济”不仅在本县打开了局面，形成了规模，创出了品牌，激发了当地农民的创业热情，而且起到了示范带头作用。在一批批化隆拉面馆立足于沿海内地城市后，化隆周边的民和、循化、平安、互助、乐都等县的穆斯林群众也纷纷外出开拉面馆，范围从津、京、唐、张到长三角、珠三角，从大连沿海到广西北海，逐步向西南和境外推进。目前，仅海东市在外开办的拉面馆达2.8万余家，从业人员近20万人，全市55.8万劳务大军中，每3人中就有一人从事拉面业。2013年底的调查显示，拉面馆的户均纯利润都在8万元以上，有的高达百万元以上。为转移农村剩余劳动力，为少数民族贫困地区增收致富创造了良好的条件，取得了较好经济效益和社会效益。

四、分析与启示

在“政策引导、群众首创、政府服务”带动下发展起来化隆“拉面经济”具有以下几点启示。

（一）脱贫模式要从实际出发

脱贫致富没有固定的模式，应该根据实际充分发挥当地的优势，选择符合自己的发展模式。化隆县山大沟深，自然环境恶劣，农作物产量低下，草场匮乏，发展农业的收益低、成本大、空间小，同时受资金、技术、地理位置的制约，很难在当地迅速发展乡镇企业和民营企业。在此情况下，劳务输出便成为化隆县贫困地区脱贫致富的重要途径。由于化隆县是回族自治县，“拉面”是回族群众的特长，也是他们的技术优势，加上穆斯林有不恋乡土、善于经商的伊斯兰教文化背景，发展“拉面经济”就成为化隆穆斯林群众摆脱贫困的一种必然的选择。

（二）脱贫模式要尊重群众意愿

从化隆县“拉面经济”的形成和发展过程看，“拉面经济”模式的形成最初完全是广大群众的自发行为。当初，如果没有周边“能人”的示范带头作用、主观能动作用，就不可能召唤起广大群众开拉面馆、发展清真餐饮业的热情和积极性，也就不可能形成当前初具规模的“拉面经济”模式。因此，政府的帮扶和引导，应当建立在充分尊重广大群众的意愿、充分发挥他们的主观能动性和积极性的基础上。

（三）脱贫模式的发展和壮大离不开政府强有力的支持引导

脱贫模式的选择应该尊重广大群众的意愿，充分发挥他们的主观能动性和积极性，但脱贫模式一旦形成，它的发展和壮大必须要有政府强有力的支持和引导作后盾。20世纪90年代，当一批批化隆人走出故土，到厦门、北京等地开办拉面馆并形成一定规模时，如果没有化隆县委县政府的技术指导以及大量的劳务协调和服务工作，就不可能形成今天的“拉面经济”模式。化隆县“拉面经济”由于有了政府的政策引导、资金支持、技术培训、跟踪服务等积极作为，才使化隆“拉面经济”走上可持续发展的道路。

（四）脱贫模式要有自己的特色和品牌

脱贫模式的发展和壮大必须要有自己的特色、创立自己的品牌。“化隆牛肉拉面”从刚开始外地人吃不惯、不接受到喜欢吃、离不开；其产值从无到有再到 5.6 亿元；招牌从“西北化隆拉面”“兰州拉面”“金城牛肉面”等不一，到统一的“化隆牛肉拉面”品牌，化隆人正在改变“化隆牛肉拉面”有品无牌的被动局面。

（五）行行出状元，贵在诚一

台商王永庆靠卖米淘得第一桶金，最终问鼎首富之位，大陆谭木匠用小木梳做出大品牌，连锁店遍布全国，靠的就是“诚一”。司马迁在《史记·货殖列传》中记载：“买浆，小业也，而张氏千万。洒削，薄技也，而郅氏鼎食。马医浅方，张里击钟。此皆诚一所致。”贩卖浆水、磨刀，是一种微不足道的小生意，但是张氏靠它积累了千万家财，郅氏过上了列鼎而食的生活。给马治病，不需要高深的医术，但是张里靠着它能有钟鸣而食的排场。司马迁认为这些人能够成功，靠的就是“诚一”：所谓的“诚”，就是精诚，全神贯注，全力以赴；所谓的“一”，就是专注，专心致志，坚持不懈。因为“精诚”，全神贯注，才能留意到别人留意不到的细节，发现别人往往忽略的关键；因为“专注”，坚持不懈，才能竭尽全力，做到极致，熟能生巧，巧而出奇，达到一般人难以企及的技术高度和经营规模。化隆“拉面经济”之所以成为少数民族贫困地区脱贫致富奔小康的发展模式和县域经济的品牌，也是近 30 年来的“诚一”所致。

化隆拉面提档升级路上
乘风破浪敢弄潮

——摘自《海东时报》

餐饮界掀起千重浪，拉面人使出百般计。

这两句话准确道破了目前餐饮市场的风云多变和拉面人的千千心结。新常态势必带来新变化，餐饮界也未能逃脱这一法则，餐饮市场大洗牌风暴不仅来势迅猛、势不可挡，而且变幻莫测、变数无常，拉面产业正面临前所未有的挑战，何去何存必须做出抉择，这对拉面之乡山水化隆、十万之众拉面大军显得尤为重要，不进则退的市场倒逼态势使化隆拉面产业别无选择，只有提档升级。对此，化隆县委、县政府，每一位拉面人清醒地认识到，树欲静而风不止，提档升级路上乘风破浪敢弄潮才是拉面产业的出路，才是拉面经济的正道……

调查研究　掌握实情精准发力

从 2014 年开始，化隆拉面产业发展可谓一路滚石上山、爬坡过坎，以至于举步维艰。先是兄弟省市拉面以品牌化组团大举挺进全国市场，打响了拉面品牌化加盟连锁第一枪；后是其他产业资本强势注入餐饮市场，掀起了餐饮市场大洗牌的浪潮；接着上海六违整治、北京拆窗封门、大多城市环保出击……这一系列风云来袭，使青海拉面猝不及防，特别是拉面产业大户人家化隆遭到重创，一线城市拉面馆数量开始负增长，并且连连受挫。不甘就此坐以待毙的化隆人在这样的挫折面前敢于亮剑，沉着应对。

2017 年 5 月，化隆县委、县政府组团在全国拉面人中展开调研，寻求重振化隆拉面雄风的出路。拉面调研组提前做了准备，出发前召集相关部门提前做足功课，对要调研的 8 个城市，制定了详细的行程安排。调研期间，坚持调查研究与征求当地政府意见相结合、调查研究与召开座谈会相结合、调查研究与走访了解相结合、调查研究与法制宣传相结合的方式，通过“看”“听”“问”“谈”“讲”等形式详细了解拉面经济发展的现状、存在的突出问题。到拉面店进行实地察看了解情况；听取驻外办事处的工作汇报；询问并征求当地有关部门和化隆拉面人的意见建议；与拉面务工人员座谈了解；组织部分拉面经营人员现场面对面地开展宣传教育，特别是宣讲了法律法规、惠农政策和守法诚信等内容。与 300 余名拉面经济劳务人员面对面进行座谈。

通过考察调研，调研组成员进一步了解了拉面经济发展的现状、制约的瓶颈，明确了进一步促进拉面经济持续健康发展的思路和措施。调研的结论是，化隆拉面产业发展要紧紧抓住中央、省市关注、支持拉面经济的机遇，全面贯彻落实省、市出台的《进一步促进拉面经济发展的实施意见》和全省拉面经济推进工作会议精神，协调省级层面把发展拉面经济作为青海省融入“一带一路”建设、民族团结进步先进区创建的有效载体来推动。协调省级层面将发展拉面经济纳入扶贫政策扶持范围，安排专项扶贫资金，切块用于鼓励扶持化隆拉面经济发展。

在县级层面，建立拉面经济发展基金，把拉面基金作为银行资本金，撬动银行资金来支持拉面经济，主要用于鼓励扶持贫困农村劳动力外出开办经营拉面馆的启动资金或补助资金。积极争取各类培训项目和资金，强化对从事“拉面经济”群众的技术技能培训，有针对性地开展拉面、烹饪等方面的技能培训，切实提高群众的技术技能水平和综合素质。针对现有拉面馆经营者开展以经营理念、经营管理、餐饮文化等为重点内容的创业培训，提高其经营管理和增收能力。加强经营理念培训，针对龙头企业经理人开展以民族餐饮文化、品牌战略、协会管理、行业标准、连锁经营等为主要内容的骨干培训，提升他们的发展理念、管理水平等综合能力。全面实施拉面产业提档升级战略，打造“拉面经济”升级版。支持以“拉面经济”为主导的劳务经济多业态发展。安排支持劳务输转基地建设，搞好劳务输转服务，加强职业技能培训，提高农村劳动力技能水平；促进“拉面经济”品牌化、标准化经营，鼓励“拉面经济”与其他产业深度融合和组建企业集团，实现连锁经营；鼓励劳务经济向更广领域拓展，带动本地区人力资源开发，种养殖、农畜产品加工及清真牛羊肉配送等相关产业联合、合作，不断推进饮食等行业一体化进程，形成“拉面经济”全产业链。

多管齐下　同心协力提档升级

化隆拉面产业提档升级时不我待，对此，化隆县把拉面经济作为推动大众创业、万众创新的重要举措，增加农民收入，改善民生的重点工作来抓；化隆群众以“敢为天下先”的创业精神，提档升级路上乘风破浪，多管齐下，力求化隆拉面产业不断发展壮大，在这方面，化隆拉面产业而今从头越，同时也离不开党的政策指引。化隆将党的十九大精神送进拉面店，精准地将党的好政策向拉面人进行了讲述，让拉面人真正搞懂了党的好政策，让拉面人切实感受到了好政策带来的新机遇。向广大拉面人讲清楚了时代新要求，使拉面人懂得了与时俱进是不二抉择，紧跟时代步伐刻不容缓，把新时代、新要求在广大拉面人中讲得清清楚楚。讲明了拉面产业发展的新出路，这一出路就是转变经营观念、提升管理水平、提高服务质量、致力产品研发，以此加快拉面产业提档升级步伐，实现拉面经济弯道超车，确保拉面经济在激烈的市场竞争中立于不败之地。

同时，县委、县政府将结合“青洽会”“清食展”等清真饮食文化宣传及产品推广的有利时机，大力营销、宣传、推介化隆拉面经济品牌。通过建立化隆拉面经济网站、拍摄化隆拉面为主题的影视作品、举办拉面文化节等举措，提升“化隆牛肉面”的知晓率，促进品牌化发展步伐。积极引导“拉面经济”的产业化发展理念，支持和鼓励一定数量的群众兴办经济实体，走“拉面经济”连锁经营和公司化经营的路子。鼓励壮大拉面行业经纪人，进一步延长拉面经济产业链，积极配送汤料、肉、油等食材，形成一二三次产业高度融合发展的模式，推动青海特色小吃和牛羊肉土特产进沿海、进内地、进城市，提高青海特色美食和产品的附加值。与输入地政府相关部门形成长效协作共管机制，建立健全与输入地政府的联席会议制度，开展干部挂职、部门互访等交流活动，使在外务工的群众得到更好的服务。鼓励各城市组建化隆拉面商会，开展拉面经济行业发展规划、品牌建设、拉面产品研发等工作。商会与驻外办事机构实行两块牌子一套人马，走以行业协会或商会起主导作用的自我管理路子，从而促进拉面经济规范经营健康发展。

在全国各大中城市拉面店中开展“统一装饰风格、统一店员服饰、统一拉面简介、统一店名牌匾”的“四统一”示范店推广活动和“守法经营好、环境卫生好、优质服务好、文明经营好、诚实守信好”为内容的“五好经营户”争创活动。鼓励农民外出创业，积极引导金融企业加大放贷力度，有效解决了群众拉面创业资金难问题。按照“先培训、后输出”原则，从职业道德、经营理念、卫生管理等方面入手，培训拉面匠，为拉面经济的可持续发展提供可靠的人才保障。突破培训和就业的瓶颈，通过精准扶贫拉面“带薪在岗实训 + 创业”模式，政府企业各方发力，特别是发动全国各地的拉面老板积极参与，共同推进建档立卡贫困户通过就业、创业实现脱贫。鼓励支持贫困户入股拉面馆，折股量化收益；扶持贫困户种养殖产业与省内外拉面企业合作共赢，实现农副产品增收增效。

大力弘扬先进人物感人事迹，在拉面人中树榜样、学先进，通过表彰全国优秀农民工马乙不拉、拾金不昧的海南省道德模范马牙古拜等先进事迹，尤其是化隆拉面馆为天津大爆炸、汶川地震等发生重大灾害地区的救灾人员免费送餐以及为所在城市社区的环卫工人、五保老人、孤儿等弱势群体提供免费“爱心拉面”等感人事迹，树立民族团结、创业脱贫的正能量形象，成为宣传青海的新窗口，以此提升化隆拉面在全国各地的知名度和美誉度，为产业发展营造良好的发展条件。

打造龙头 积极引导龙身舞起

近几年，化隆拉面产业在诸多不利面前，逐步从传统经营模式踏上了现代餐饮发展道路，特别是一批拉面产业龙头企业的横空出世，对带动化隆拉面整体产业发展起到了积极作用。拉面经营户从小家庭作坊逐步向公司化、股份制转变，实现了小打小闹到提档升级的飞跃。

随着拉面人观念更新，融入当地社会意识不断增强，不论是从城市发展的需求，还是从自身发展的愿望，小作坊式、小打小闹的拉面店开始越来越少。即便是有，也在不断扩大经营，提档升级的愿望迫切。这一切变化得益于一批拉面龙头企业的拉动，以公司化、连锁式发展的拉面企业不断扩大和延伸产业。如北京市的“西北楼”牛肉面、“伊鸿”餐饮有限公司等，所有权、使用权、管理权、经营权互不干涉，正在向连锁式方向扩张。郑州市的“本穆”牛肉面是汤料研发、提档升级的旗舰店，已成立自己的汤料研发团队，拉面日营业额达 1.8 万元。拉面龙头企业的崛起得到了社会各界的普遍认可。

2007 年，“化隆牛肉拉面”被中国就业促进会推荐为全国劳务品牌展示交流大会优秀劳务品牌。拉面人都从“等、靠、要”的思想束缚中得到了解放，大胆创新，通过“亲帮亲、邻帮邻”等方式筹集资金，发展装修扩大经营店面，致富的愿望比较强烈。拉面人只要有看准的门面，想办法去租赁；只要有合法的赚钱机会，都想办法拼搏。拉面店从小街小巷逐步向大街、正街、写字楼、大厦、肯德基等周边转移，不仅为县域经济发展注入了活力，更为全县的精准脱贫工作发挥了重要力量。在拉面带头人的作用下，拉面从业人员从小家庭逐步融入大社会，主动参与当地社会发展，积极发挥了正能量。在办理证照、孩子入学等方面积极主动。当地政府也积极主动为拉面人服务，主动搭建各种平台，在孩子入学等方面开通“绿色通道”，着力解决孩子上学方面的问题。务工人员遵纪守法，合法经营，主动适应当地管理，与当地群众结下了深厚感情，建立了“兄弟情谊”。

化隆县在大连、沈阳的拉面人长期免费为环卫工人提供“爱心拉面”，天津的拉面人为塘沽地区送“爱心盒饭”，得到了当地政府的赞扬。大连市的拉面人马叶四夫，被评为大连好人。驻济南市办事处主任谭胜林被当地政府评为民族团结进步先进个人。沈阳市民委每年拿出一定的资金举办“拉面技能大赛”，很受拉面人欢迎。各地政府都很肯定“化隆拉面人”的整体形象，很赞赏为当地经济社会发展作出的积极贡献，对“化隆拉面人”整体素质表示满意。拉面经济的蓬勃发展，逐步带动形成了以“拉面经济”为主、其他行业为辅的劳务输出新格局，创出了一条“拉面产业”带动农业、农村发展的新路子，有效推进了全民创业进程。

拉面人在做拉面的同时，在牛羊肉配送、青海特色小吃、牛肉面汤料加工等方面延伸产业，也有一席之地。如，青岛的宏伟牛羊肉配送公司，在配送青岛本地的同时，向安徽等地发展，经济效益明显。北京“西北楼”牛肉面，不仅有面、有饭，而且有“麻辣烫”，销售额可观。化隆农民纯收入的 53% 来自拉面餐饮行业或者拉面相关产业链。同时，部分群众通过从事拉面经济有了一定的原始资本积累后，将目光瞄向家乡，纷纷回乡投资发展特色农业、餐饮宾馆、牛羊育肥、加工冷藏、房产建材、交通物流等，有力地促进了县域经济发展，呈现出“人回乡，业回创，钱回流，企回迁”的发展格局。

截至目前，全县共有 1 200 多户回乡创业人员在当地从事发展多项服务，涉及餐饮宾馆、牛羊养殖、建工建材等 23 个行业，个人投资金额 2 亿多元，在全县开办的民营经济实体达到 385 个，实现年产值 8.6 亿元，带动农村剩余劳动力和下岗职工 3 400 多人实现了就近就地就业，促进了地方经济的发展。全县登记在册的各类协会和专业合作组织达 670 个，省级示范社 14 个，成员达 2.6 万人，涉及农户 5 927 户、带动农户 15 320 户。年贩运农产品 10 万千克以上的农民经纪人达 29 人，年运销农产品 340 万千克，有力推动了农业的规模化发展。

继往开来　新的征程新的目标

化隆拉面产业虽然在提档升级路上迈出了坚实的一步，但是，征程无尽头，站在新起点上的化隆拉面产业将聚焦“四个扎扎实实”重大要求，按照“四个转变”发展新思路，依托富余的土地、充足的劳动力、成熟的畜牧业、优质的农副产品等资源要素优势和全国 1.5 万家拉面馆的渠道优势，从供给方面发力，创新发展模式，以促进拉面馆规范扩面、提档升级为重点，通过拉面经济全产业链促进一二三次产业高度融合发展，促进县域农牧业生产稳定增长、结构优化，促进省内外拉面餐饮业标准化、品牌化，在提档升级路上阔步前行。

目标明确、决心坚定。将积极发挥“拉面”在建设青海民族团结进步大省中的有效作用，加大化隆与内地互相对接、互相交流力度，促进拉面劳务输出地和内地输入地的服务管理工作，积极探索形成长效管理机制，结合省内外共同创建民族团结进步工作，促进各民族交流交融。积极以中国特色小镇（拉面小镇）为总领，做好拉面经济的综合发展。

按照“以产带城、以城促产、产城融合”发展思路，以拉面经济为支撑，培育发展拉面全产业链、文化旅游业等，建设以清真餐饮文化为主，集民族特色产业、旅游度假、商贸发展的拉面小镇。通过建设拉面产业大厦、拉面主题广场、拉面文化博物馆、拉面美食一条街等具体项目，使拉面小镇特色鲜明、产业聚集、吸纳人气、带动明显。着力建设“青海拉面”产业孵化园和扶贫拉面产业园。编制拉面产业孵化园和扶贫拉面产业园规划，通过组建拉面产业集团股份有限公司，建成集拉面产业发展、技能培训、创业孵化等为一体的现代产业园区。通过园区龙头引领作用，推进拉面餐饮快速步入规模化发展轨道。同时，积极招商引进各类龙头企业融入发展，为返乡创业人员提供孵化空间，使园区成为化隆脱贫攻坚奔小康的“领头羊”。着力推进拉面经济规范扩面和提档升级。

认真贯彻落实全省“拉面经济”推进工作会议精神，紧密结合脱贫攻坚工作，加大政策扶持力度，建立健全服务体系，力争到 2018 年，化隆户籍人员开办的拉面馆达 1.7 万家，培育品牌连锁店 500 家以上，从业人员稳定在 12 万人（次）以上。因地制宜培育打造具有浓郁地方特色的拉面文化节，逐步形成一批特色鲜明、主题突出的餐饮节会活动，全面提升青海拉面的知晓率和美誉度。

青海拉面基础

青海拉面的质量要求

青海拉面俗称“化隆牛肉面”，在外地又称“化隆拉面”，是青海省海东地区最具特色创业致富的大众化面食。

青海拉面在制作上有标准的要求，它以“汤清者亮，肉烂者香，面细者长”的质量要求和“一清、二白、三红、四绿、五黄”的特点赢得了食客的好评。这些好评都来源于青海拉面的经典制作，可归纳为以下几个方面。

1. 面条的质量和种类

青海人祖祖辈辈都喜欢面食，现代的青海第二代拉面人打破了拉面第一代人传统的经营观念，改进了拉面的技艺，选择精良的食材，进一步研制和调配汤料，调出了东辣南甜西酸北咸适合全国各地独特的风味。面团加入蓬灰水根据拉面整套程序进行和面、揉面、蹬面、扯面、溜条和下面剂，再经过拉面师傅用手两手抻拉，一环套一环，一团面在拉面师傅手中可随心所欲的拉出大宽、中宽、韭叶子、二柱子、二细、三细、毛细、三角面、娇媚面等 10 余种不同形状的面条，用手工拉制的面条比机械压制的面条好吃，技艺精湛的拉面师傅每分钟可拉出 5~6 碗面条。客人进店最多等 5 分钟就能做好一碗香味四飘的青海拉面。

2. 牛肉烂而醇香

青海拉面的特点除了面条做的精致富有特色外，最关键的是汤的制作，吃青海拉面要先喝一碗汤，现在许多青海拉面店内明显的位置设放汤桶进店吃面的顾客自己动手先喝一碗汤即尝味又暖胃。青海拉面在长期的经营发展中，拉面人在传统的调汤配方上不断改良，经过拉一代，拉二代、拉三代的代代相传。青海拉面特别重视汤的制作，注重用汤，精于制汤，汤清见底，其味清香。青海拉面的汤采用的是青藏高原优良的食材，其选择的是长期生活在海拔 3 800 米以上的牦牛，以肉、牛骨髓、生牛油等为主料，采用 20 多种纯天然调料和中草药调配熬制的老汤，经过大火沸

煮、小火微煮，使牛肉及牛骨的鲜味溶于汤中，期间要经过两次“过滤”，使之汤清见底，味道极其鲜美，味不膻且不腥，汤清味道浓郁，特别是调料配方调配独特。

青海牦牛处于地球之巅的高寒、无任何污染环境（青藏高原是世界上罕见的洁净未受任何污染、空气清洁的自然环境），是独特的半野生半原始珍稀动物，与北极熊、南极企鹅共称为“世界三大高寒动物”。全世界存栏的牦牛约有 95% 集中在中国。牦牛长年生活在海拔 3 000 米以上高寒地带，抗寒能力特别强，体质粗壮结实，可以在 -38℃下生存。由于常年生活在高寒地带，天然、广阔的牧草高原，洁净的生态环境造就了这一优良的畜种。牦牛终身无劳役，逐水草而居的半野生放牧方式、原始自然的生长过程，一生中摄入大量的虫草、贝母等名贵中草药，使牦牛肉质细嫩，味道鲜美。

3. 面中萝卜有讲究

一碗汤清、面黄、肉烂、味香的青海拉面很讲究萝卜片要求，一年四季都有不同的萝卜。一般采用的是青海秋冬季节出产的大白萝卜，这种萝卜汁多、香甜、营养丰富，促进消化，肠胃蠕动，最适宜青海拉面汤中使用。对新购进的萝卜先用清水洗净，去其头尾不用的部位，切成长方片或三角形，投入清水锅（放入少许盐）中煮至八成熟，捞出沥尽水分，再下入调好汤料的汤锅内煨透，使用时加入调好味的牛肉汤又增加了汤的美味，不仅味道好吃而且还营养丰富。白萝卜有消积化痰，消食利膈的作用，是慢性气管炎、咳喘多痰、胸闷气喘、食积饱胀病人的理想食品。

4. 红油香而微辣、味醇厚

青海拉面所使用的辣椒油是选用青海省循化县生产的仙红椒，陕西的香辣长尖椒、甘肃产的牛角椒以 1:1:1 的比例混合磨成辣面掺入芝麻再用青海省门源县种植的小油菜所产的菜籽榨制的纯正菜籽油，经烧开熟过后添加各种香料炸出调料香味，捞出料渣，油温烧至 175℃逐渐倒入装有拉面的桶里搅匀静放置一个晚上使用时效果更佳，色泽呈红亮、鲜香微辣盛在拉面上，香味扑鼻而来，引人食欲。

5. 独特的香味：蒜苗、香菜

在青海拉面里调入绿色的蔬菜显得更加完美好看，且有独特的浓香味型。那就是放上新鲜的蒜苗和香菜，再舀上一小勺辣子油在汤面上，让人胃口大开，一碗青海拉面中有如此的特点：面条劲道、爽口，萝卜片乳白、辣油鲜艳，香菜蒜苗碧绿、香味扑鼻，青海拉面不是人们理解中的拉条子和普通的拉面，而是辛勤的青海拉面人用精选的高原牦牛肉、牛棒骨、牛脊骨等原料、加入几十种纯天然的既是中药材调料，经过 4 小时以上的精心熬制、含有丰富钙质和人体必需的多种营养元素的鲜汤为主，再用优质的拉面粉加入蓬灰水和成面团，用精湛的拉面手法人工拉制、煮熟的面条，添加各种辅料和调味料制成的青海拉面。

原 料

面 粉

1. 面粉的种类和品质

面粉是由小麦加工磨制而成又称为麦粉，是面点生产四大原料之一。小麦生产遍及全国，品种繁多，各种小麦的质量与出粉率差别也较大，归纳起来，有三种分类方法。

（1）按播种季节，可分为冬小麦和春小麦。

（2）按麦粒性质可分为硬麦（即玻璃质麦）和软麦（即粉质麦）。

（3）按麦粒颜色分为白色麦和红色麦。

2. 面粉的质量鉴定和检验

小麦经过加工磨制成面粉后，其质量除了受小麦品种和产地不同的影响外，又可因加工精度的不同，分为特制粉、标准粉、普通粉和拉面专用粉，制作拉面时常使用特制粉和拉面专用粉。

通常以粉色和是否含有麸量来检验粉的质量。粉色，指面粉的颜色；麸量指混入面粉中的被磨碎的麸碎片。通常以粉色和麸量作为面粉加工精度的指标。检验时可将被检验的面与标准样品，对照比较即可得知。特制粉和专用粉纯度高，没有麸皮，所以粉色洁白、筋度高。

3. 面粉的主要营养及其性质

面粉的主要营养成分有蛋白质、糖类、脂肪、水分、维生素及矿物质等。

（1）蛋白质　蛋白质是动植物生命活动不能缺少的物质。蛋白质是动植物细胞原生质的主要成分。蛋白质是面粉中的重要成分，其含量占7.2%~12.2%，主要分布在麦粒的糊粉层和胚乳外层。蛋白质的含量受小麦的品种、产地、加工程度和出粉率的高低等因素的影响。

面粉中蛋白质主要含于面筋中，可分为麦胶蛋白、麦谷蛋白、麦清蛋白和麦球蛋白等。其中最主要的是麦胶蛋白和麦谷蛋白，它们的含量占面粉蛋白质含量的80%以上，统称为面筋蛋白。

（2）糖类　在面粉中，糖类的含量最高，占70%~80%。包括淀粉、纤维素、半纤维素和低分子糖。

（3）脂肪　面粉中脂肪主要分布在麦胚中，脂肪含量约占1.3%~1.5%，拉面专用粉中的脂肪含量高于特制粉。

（4）矿物质　面粉中的矿物质主要有钙、铁和其他无机盐。

（5）维生素　面粉中维生素的含量较为丰富。它含有脂溶性的维生素A、维生素E以及水溶性的B族维生素。

4. 面粉保管的方法

（1）面粉要存放在凉爽、透风的仓库。

（2）在仓库中堆放面袋时，地面上要垫木板，面粉放在上面。

（3）加强面粉仓库的检查，防止贮存中变质，贮存面粉的仓库必须清洁卫生、干燥和通风。

（4）面粉在贮存过程中，应注意粉中水分的变化。面粉的粉粒与空气接触，易吸收水分和释放水分，就容易发生霉变、发热、结块等。面粉储存其含水量应保持在12%~13.2%，仓库的温度在10℃左右，相对温度在60%~70%的条件下比较适宜。

拉面面团中的添加剂

1. 蓬灰水

是用蓬灰溶解的水。蓬灰主要产于西北，系以戈壁荒原上所产的一种碱蓬草，干后大量放入炕中，用火烧之，析出一种液体凝结于坑底，即为蓬灰，呈不规则块状、灰色或灰绿色，与碱的用途相同，西北人多用于制作面食，具有浓郁的碱香，是拉面面团中不可缺少的添加剂。

（1）传统蓬灰　蓬灰是牛肉拉面历史发展中的传统添加剂，由于生产工艺的局限目前已经基本淘汰。经常吃牛肉面的顾客都知道蓬灰，但目前广泛使用的拉面剂，传统蓬灰一种是碱蓬草烧成的，最后将蓬草物及其杂质石头等放在开水里熬制提炼，其主要成分是盐和碱（无洗衣粉时可以用来充当洗衣粉），含有铅、砷成分且含量超于国家规定的标准。传统的东西不一定都无毒无害，应该相信科学才是对的。

蓬灰已经变成了历史的产物，现在真正用蓬灰石头熬制拉面剂的基本很少，即使有蓬灰也是不安全，随着经济的发展人们对食品安全的认识和要求是不一样的。

拉面不是必须添加了添加剂才能拉出，不添加也可以抻，这样的面吃起来清淡。要想既能快拉出来，而且食用安全，才是好添加剂。

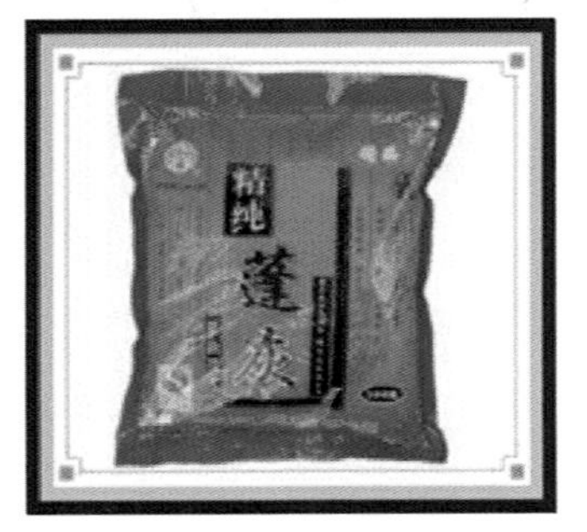

（2）复配添加剂　拉面剂按照国家法律法规来划分是复配添加剂。《复配食品添加剂通则》GB26687-2011中明确，复配食品添加剂是为了改善食品品质、便于食品加工，将两种或两种以上单一品种的食品添加剂，添加或不添加辅料，经物理方法混匀而成的食品添加剂。

这里有一个很重要的问题是：复配添加剂中使用的单项原料必须符合《食品添加剂使用标准》GB2760—2011中明确

的要求。

现在的蓬灰是一种非常安全的拉面添加剂，加入面团中有独特的风味，传统蓬灰的熬制方法，是把大块的蓬灰砸成小颗粒，放入开水锅内熬 6~8 小时，煮熬时不停地搅动，中途不能加水，灰溶解后舀入大缸内沉淀，待完全澄清后倒入另一个缸内进一步净化，使用时根据面团的软硬程度再用清水调配适合为止，一般夏天的面团比较硬，蓬灰调淡一些，冬天的面团较软，蓬灰水应调浓。

近年来，随着青海拉面走向全国各地，现在的拉面企业所使用的速溶蓬灰，就是经过相关的技术和专业人员，从蓬灰石头中进行提炼而成。使用时先用沸水溶解静放一夜，次日使用效果更佳。

2. 食碱

食碱也是拉面团中不可缺少的原料，主要用于除去酸味，在防止拉面面团发酵时，所采用的辅料。

3. 食盐

食盐是拉面制作面团中的重要辅料，它可改变面团中的面筋的物理性质，加入 1%~3% 食盐，可增加面筋的吸水性能和面筋强度，质地紧密，颜色发白并有光泽。面粉的纯筋度不够要求，拉制的面条达不到质量要求时，在和制的面团中加入适当的盐水，增加面的筋度，使拉制的面条柔韧光滑，又能防止和延缓面团的发酵。

面团的基础操作和技术要领

牛肉拉面制作基本技术操作过程包括和面、揉面、摔面、搓条、下剂、拉制成形六道工序，为了准确熟练的制作具有特色的牛肉拉面，先做完以下几项工作。

1. 和面的作用

和面是拉面制作过程中第一道工序，也是一个重要环节。和面的好坏，将直接影响拉面成品的质量和工艺造型，和面是将面粉与不同温度的水掺和揉成面团，它有两个特点：一是面粉的物理性质发生了变化，面粉与不同温度的水相互调和，发生了一系列的化学变化，经调制好的面团具有一定的弹性、韧性，延伸性，便于操作成型，成熟后面条是相互不粘连，吃起来有劲。二是加入辅料（蓬灰、食盐）改变面团的性质，和面的过程中，应根据需要加入适当的辅料，经调制均匀后，可以改变面团的性质才能拉制正宗的牛肉拉面。

2. 和面的姿势

和面时需用一定强度的臂力和手腕力。因此，要有正确的姿势，才能和好面并减少疲劳。其要领：两脚分开站成八字步形，站立端正不致左右摇摆，上身稍向前倾便于用力。

3. 和面的要领及手法

将面粉倒在案板上，中间刨一个坑，再用拳头在案板上轻微的震动，使刨开的“面

墙”更加牢固，水不易冲开，倒入适量的水后，两手的五指叉开，由上向下，从内到外开始和面，直至将面第一遍和成“雪花状”式，再摊开撒上适量的水和成“长穗子”形式，再撒上少量的水和成面团，由于和面的多少，和面团的大小，因而搀水量的出入也较大，一般的情况下 1 千克面粉，吃水 0.37 千克左右，一般搀水 3~4 次，使面粉逐步均匀吸水（严禁一次性加足水）。在此基础上，按照要求揉好面，和面要利落干净，使面团不夹粉粒，和匀和透，和完后要求面团不粘手、不粘盆，做到手光、面光、案板光，这样和出的面才能基本上达到制作拉面的要求。

一般分为抄拌法、调和法两种。

（1）炒拌法　将面粉倒在案板上，中间刨一个坑，水倾于坑中，用双手从内向外，由上向下反复炒拌。炒拌时用力要均匀，水不粘手，以粉推水，使粉与水结合；再次加水，用双手炒拌，等水与面呈块状，再浇上剩余的水，揉成面团。

（2）调和法　将面粉倾于案板上，中间刨一个坑，倾入水，双手五指叉开，从外向内进行调和，待面粉粘连成片后，再搀入水，揉成面团。饮食业在案板上和面，主要是冷水面团和温水面团，操作时手要灵活，动作要快，不能让水四溢。

4. 揉面

揉面是在面粉粒吸收水分发生粘结的基础上，才进行揉面的。揉面是使用面粉中的淀粉膨胀糊化，蛋白质接触水分，产生弹性，形成面筋的一个重要环节。

（1）揉面的手法　揉面时身体不能靠住案板，两脚要分开，双手用力揉面时，案板受力成 45° 以内的角度，案板不得动摇，面粉不得外落，双手用力推得开，卷得拢，五指并用，用力均匀，手腕着力，一手接压一手，从外向内卷起形成面团，再用左右手一上一下摊开，卷叠再揉开，使揉出的面团形成“波浪形式”，然后再折叠再反复揉开，均匀揉透，揉至面团不粘手，不粘板，表面光滑而浸润为止。

（2）揉面时应注意的问题　揉面只适用于水和面团，不能用于烫面团、混糖面团、油和面团等。

操作过程中应顺着一个方向使面团内形成面筋网络不易破坏。

面团没有吃透水分时，揉面时用力要轻一些，面团水分吃透后，用力要重一些。

面团搭配的各种辅料，要均匀分布在面团内要保护面团光洁。

揉面的时间应根据品种来定，要求筋力大的面团要多揉一些时间，要求筋力小的面团则少揉，揉至均匀即可，酌情掌握。

（3）面团内加入蓬灰水的揉法　根据面团的软硬程度酌情掌握蓬灰水的淡浓程度，夏天的面团中水分较少，面团的性质较硬，蓬灰的性质就淡一点，而且加入面团的比例也多一点，冬天因气候寒冷、干燥，面团中的水分较多面团稍软一点，加入蓬灰的比例也少一点，加入蓬灰的面团揉面的手法大致有三种，捣、揣、摔，通过这些手法可以使面团增劲、柔润、光滑或酥软。

◎捣　在和面之后放入盆内，双手紧握拳头，用力由上向下捣压面团，力量越大越好，面团被捣压挤向缸的周围，又从周围叠拢到中间，继续捣压，如此反复捣压多次，达到面团捣透，面团有劲，俗话说："要使面团好，拳头捣千次"。总之，要捣透，捣至有劲有筋力为好。

◎揣　用双手紧握拳头，交叉在面团上揣压。边揣边压，边推，把面团向外揣开，然后卷拢再揣。揣比揉用力大，特别是大面团，都要用揣的手法，也有手沾上水揣，又叫扎，其方法是相同的。

◎摔　有两种手法：一种用两手拿着面团的两头，拳起来手不离面，摔在案板上，摔的距离越长，匀的越快，直至摔匀为上；另一种是稀软面团的摔法，用一手拿起，脱手摔在盆内，摔下，拿起，再摔下，反复进行，一直摔至面团均匀为止。

5. 搓条

将揉好的面团摔匀后，再抹上植物油搓成长条的一种方法叫搓条，根据拉面品种的要求，掌握好面剂的大小。如：牛肉面、烩面、炸酱面是用一个面剂；而干拌面、炮仗面等也是同一个面剂。

搓条的具体方法是：将面摔长后，用双手掌在面条上来回推搓，边推边搓，使向两端延伸长，成为粗细均匀而光滑的圆筒形长条，但要做到两手用力均匀，两边着力平衡，防止一边重，一边轻，圆条的粗细，要根据成品的要求而定。

6. 下剂

面团搓条成形后，左手握住条，剂条从左手虎口中露出来，剂子需要多长，就揪出多长，用右手的大拇指和食指捏住，顺着剂条向下一揪，即成一个剂子，放在案板上，剂条大小均匀，两头整齐，需要多少，揪多少剂子，根据制作的品种来定。

7. 拉面的成形及品种

将下好的剂子先均匀地裹上干面粉，然后再搓长向两边延伸到约30厘米长时，用左右手的大拇指、食指和中指，拿住面剂的两头自然性的向两边拉开，再将右手的面剂头绕过来，放在左手中指的左侧，然后用右手的食指或中指扣住拉开的面条的中间，再进行第二次拉制如此反复的手法至直将剂子拉成所需要的标准。

根据食指的要求可把面剂子拉成粗条、细条、三棱条、宽条和窄条，粗的拉面方法是将整个剂子在拉制过程中少拉几扣即可。反之，细条则多拉几扣，宽的和三棱面则在将面剂子放在干面粉中滚动时，压扁或压成棱形再依次拉成为止。

8. 拉面的品种

拉面的品种大致可分为以下几种：二柱子面、二细面、三细面、毛细面、韭叶子、大宽面、宽面、三棱面、四棱面、娇媚面。

青海拉面手法图解

1. 两手握住面条的两端，抬起在案板上用力摔打，条拉长后两端对折，如此反复。其目的是调整面团内面筋蛋白质的排列顺序，使杂乱无章的蛋白质分子排列成一条长链，业内称其为顺筋、溜条

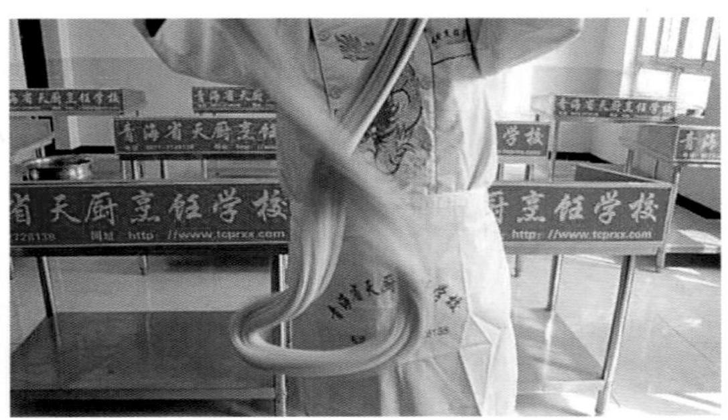

2. 将加蓬灰水揉好的面团抹菜籽油，用双手紧挨，左手向下，右手向上猛揪

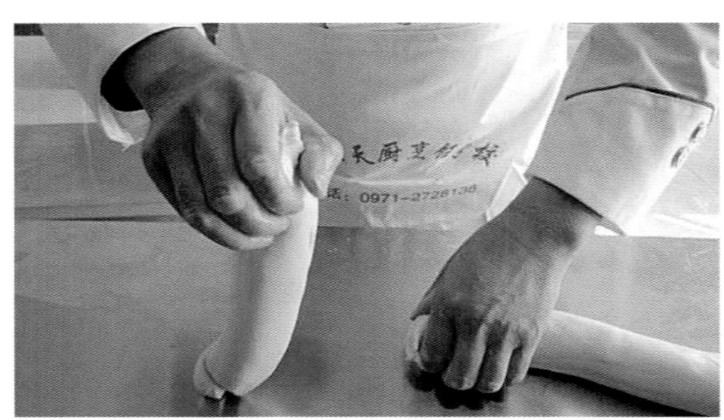

3. 揪成 4 厘米粗、15 厘米长的面剂

4. 图为揪好的面剂，用保鲜膜覆盖以防干裂，备用

5. 将揪好的面剂拿出，准备好干面粉，双手轻揉面剂，均匀滚上面粉

6. 面剂搓揉的长度掌握在两个手的拇指紧挨、双手张开至两手小指的尾端即可，长度一般在 25 厘米左右

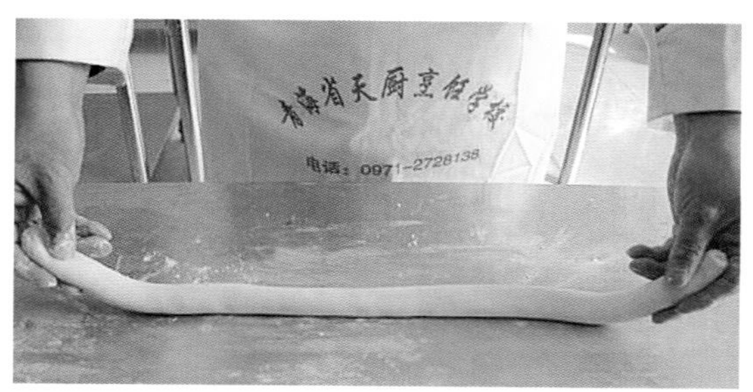

7. 搓好的面剂中间部分必须粗细均匀，否则面条难以拉制均匀，两头尾端稍有一点突起，将搓好的面剂两端放入中指和食指的中间。将双手的拇指尖向前自然轻捏下，注意不要太紧，两手均匀用力向两端抻拉跨度在 80 厘米左右

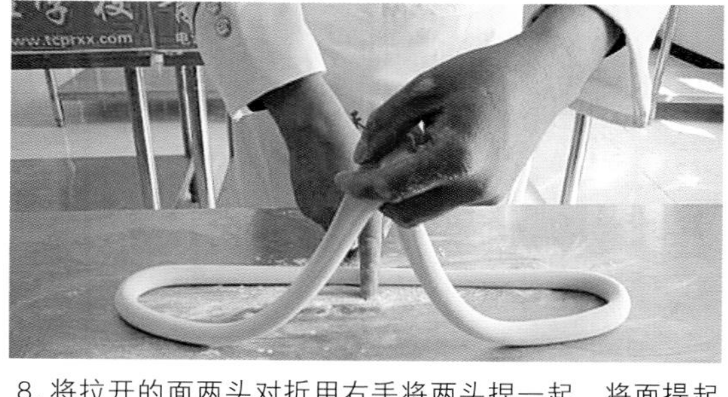

8. 将拉开的面两头对折用右手将两头捏一起，将面提起但不要离开案板，成三角形，然后将左手中指叉入，松开右手将面的两头捏入左手中。将右手食指叉入三角形的面圈中间，左手先提面至右手食指接触后两手向反方向拉开

9. 将面条折回后，双指松开，套入左手的中指上。收回来的面头旋转向上提拉，以确保面条抻拉过程中粗细的均匀

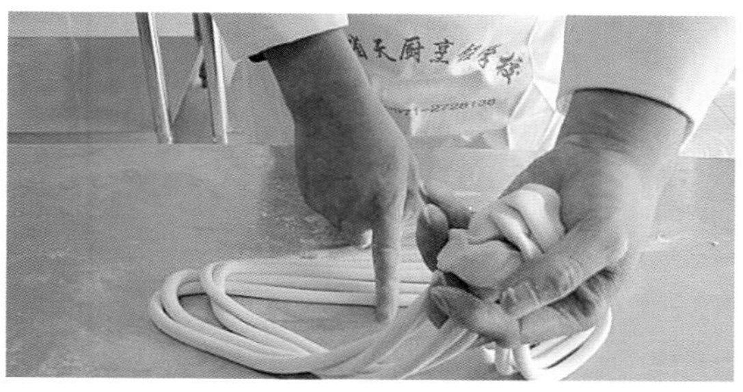

10. 左手先提面至右手食指接触后两手向反方向拉开，如此反复拉制，根据面条的不同种类和粗细要求可拉制 4~6 次

11. 根据拉制面条粗细、薄厚、宽窄要求到最后一扣时，右手食指改为四指并齐扣面，将面条挂在左手的食指上，右手食指改为四指并齐，叉入面条的中间

12. 左右手心都向上，将面条不要拉的太紧，放松在面案上，上下摔拉

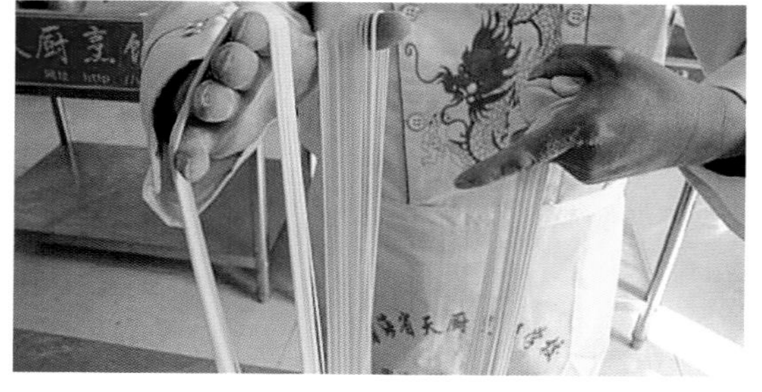

13. 将拉制好的面条从左手的食指上用右手的拇指挑过来，将面的三分之二都挂在右手上

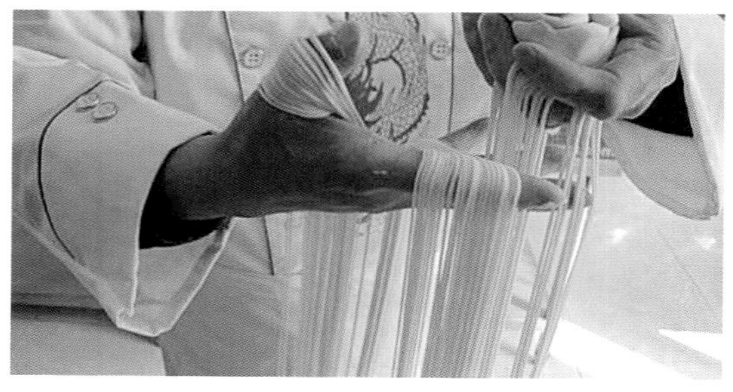

14. 将左手末端的面条绕过右手的中指手指后，手指夹紧用左手撇断，全部的面条提在右手，下锅煮熟即可

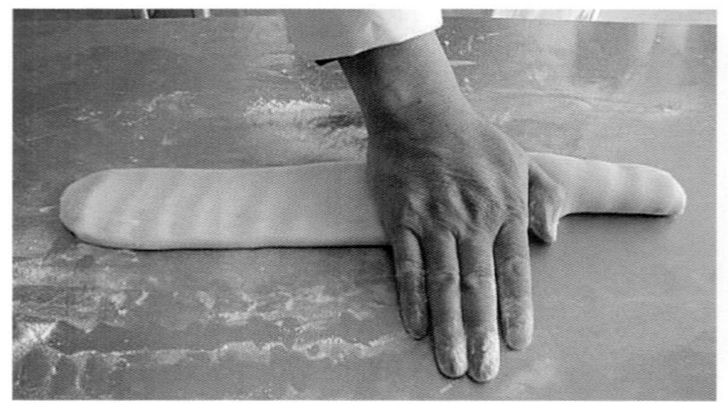
15. 韭叶的拉法，如图所示将面剂子用手掌均匀压平

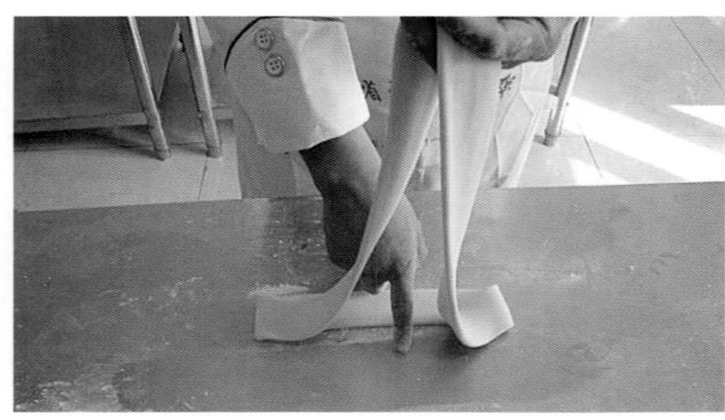
16. 将两头对折用右手食指叉入抻拉

17. 注意韭叶面在抻拉过程中将面条分摆开来防止粘连

18. 大宽的拉法

19. 宽面在套手提升过程中注意手法的运用

20. 宽面在抻拉过程中要注重干面粉的及时运用防止粘连

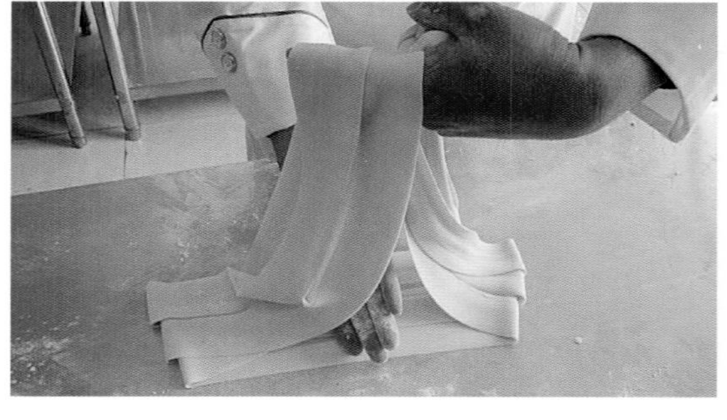
21、最后一手如出一辙，在这里大宽面仅作为学习了解，手法的学习运用主要以前面的细面为主

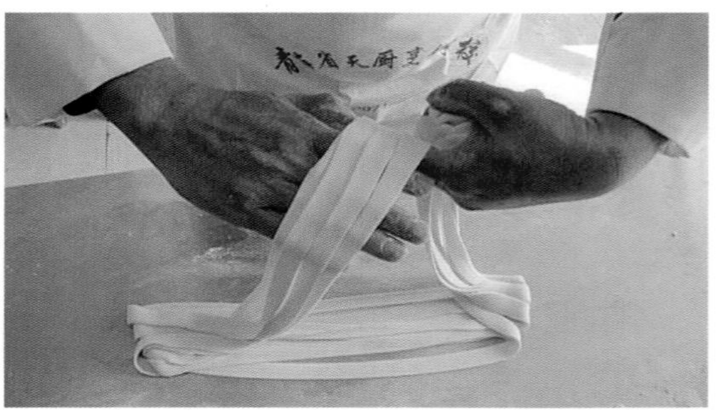
22. 四指并齐作最后的套环之用

油炸辣子油的方法

1. 选择干红辣椒及掌握火候油温

红油是青海拉面的一项重要组成部分，为了更好地达到拉面成品中的（三红）效果，首先，选好干红椒。

油炼红油出色最好的干红辣椒是陕西出产的长角辣子，它具有浓重的香味，并无辣味，将该辣椒去籽去蒂磨成粉面，再进行炸制。

掌握好火候及油温是一个重要的环节，油温不能过高，也不能过低，过高的油温会把辣面炸糊成为黑色，红油中散发出呛人的焦味，这样会严重的影响牛肉拉面整体的味型和质量；而过低的油温炸不出辣面的色泽，达不到红油的标准，从而也会影响牛肉拉面的品质。

2. 制做红油的方法及比例

准确的红油制作方法是：先把粉好的辣面放在盆内，用水拌湿，再加入葱段、草果、桂皮待用，炒锅内放入植物油（菜籽油）烧至泡沫过尽，表面掠冒青烟达到九成热，油完全成熟时，关闭火源，待油温降到七成热时，将热油逐勺舀进盆内拌好的辣面中，边舀进油边搅动，防止溢出，注意安全，（严禁将高温油一次倒入辣面中）完全炼透后将油盆放在安全处，静放到第二天使用效果更佳。如操作者掌握辣面的色泽后切不用用水拌湿，只是将油温降低炼制即可。

注意事项

（1）锅内烧油时油装的不能太满，否则油烧到高温端离火口时发生意外。

（2）油温烧到油泡沫完全褪尽，油面上有轻微的油烟。

（3）辣椒面桶内要一勺一勺的倒油，不能将高温油一次倒入，防止油溢出桶外。

（4）将炼好的辣椒油静放一个晚上更好，色泽鲜红、香味醇厚。

原料：循化线辣椒面 1 千克，熟芝麻 0.1 千克，菜籽油 5 千克。

草果、桂皮、丁香、八角、小茴香、花椒、大葱 0.1 千克，大蒜 0.1 千克、紫草 0.5 千克

制作步骤：

（1）将辣椒面放入桶内，倒入适量的鲜汤（或清水）将辣椒面拌湿待用。

（2）将清油倒入锅中、上火烧至油面泡沫过后，锅端离火口待油温稍微降温用手勺逐勺舀入辣椒面上，边倒油边用竹筷搅动。锅内剩一半油时下入草果（拍烂）、桂皮、丁香、八角、小茴香、花椒、葱段、大蒜，炸制出香味后捞出调料渣，再将调料油逐勺舀入桶内

辣椒面上。从桶底至上搅动然后撒上熟芝麻盖上桶盖置放在安全处到第二天使用效果更佳。

牛肉的加工方法

煮牛肉是青海拉面整个制作过程中的关键，不仅是把面和好，拉好，而且煮牛肉也是重中之中，合理的煮肉方法使牛肉软烂、醇香、麻辣，才能符合青海拉面的质量标准。

煮肉调料：草果 8%、花椒 15%、胡椒 8%、干姜片 15%、三奈 3%、肉桂 7%、香草 3%、小茴香 10%、肉蔻 3%。

青海拉面中的牛肉主要采取牦牛身上的里脊部位，脂肪和筋较少的地方，另外采用牛骨头（棒子骨），因为牛骨头内维生素和含钙量较高，帮助人体消化吸收和滋补营养的功效。煮牛肉时不能将牛肉大块的放进锅里，这样使牛肉的成熟度不均匀，外烂内老，应先把牛肉洗净切成小块才能投进锅内。

将牛肉、牛骨头洗净，放入清水中浸泡 4 小时捞出，放在冷水锅内，用大火烧沸，撇去浮沫，加花椒、草果、姜、盐（有些企业有自己专用的煮肉料包）用大火煮约 5 个小时，在煮的过程中，一边撇浮沫，一边加入泡肉的血水，再用大火烧沸，直至煮到牛肉粑软，熟透后浸泡两小时后将肉捞出，刀工处理成肉丁待用。

萝卜的加工方法

青海拉面的各种辅料很有特色，也是调配的一个重要组成部分，青海拉面制作过程中十分重视萝卜片的做法，春天用水萝卜、夏天是花缨萝卜，秋冬是冬萝卜片，先把萝卜洗净后切成 4 厘米 ×2.5 厘米 ×0.2 厘米的片，投入有盐的沸水中焯至断生，去掉生味，捞出再放进有汤料的拉面汤中，用小火煨至软硬适口时捞出控干水分放在盆内使用（或放在拉面汤锅内盛汤时连萝卜片舀进碗内）。

蒜苗、香菜的加工方法

将新鲜的蒜苗去掉根部和黄叶，洗净后再用刀顺长剖开（或用菜刀顺长拍碎）后切成碎末，香菜摘取黄叶和根部洗涤干净切碎，根据地方口味和食者的要求，可适当加多或加少，以便在牛肉面中起到绿的颜色，同时，也有浓郁的蒜香味和清香味。

榨菜的加工方法

榨菜在牛肉面中也没有相关的要求，只是根据食者的要求，或放或不放，先将购进的

“拳头榨菜”洗去腌制时的调味品残渣，再切成碎末，放在盆内待用。

调 汤

调汤是青海拉面的根本，由20多种调味品和中草药根据比例混合磨成粉。在煮过牛肉和骨头的汤中下入汤料，最后再下入味精，制成能帮助消化，抵御风寒，营养丰富的鲜汤，青海拉面行业中有句俗语“三分面，七分汤”，可谓汤在牛肉面中的重要性。

调汤料：胡椒18%、丁香3%、香叶5%、白扣5%、花椒20%、草果13%、干姜26%、桂籽10%良姜2%、筚茇1%。

一碗青海拉面，不仅要讲究面的好坏，更要讲究汤的熬制，咸鲜醇香的牛肉汤是青海拉面的精髓。青海化隆县、循化县的水是省会城市中地下水质最好的。青海拉面的制作方法由原来家庭式的做法已经改良为专业人士的特色制作。近年来，勤劳的化隆拉面人不仅经营拉面专卖店，还出资注册餐饮有限管理公司研发青海拉面独特的汤料。现在，青海本地及全国各地进了青海人经营的拉面店显眼处设置“酸汤自倒”的桶，真正做到了吃牛肉面先喝一口汤，一方面酸汤鲜香，驱寒、开胃，另一方面可以试尝是不是地道的青海味道。汤的配制方法辈辈相传，青海拉面的牛肉汤，并不是简单普通的牛肉煮肉的汤，是20多种天然香料与牛肉原汤熬制而成。熬汤时所选用青海省海北州、玉树、果洛等海拔4 000米草原上出产的牦牛肉，加棒子骨、牛肝，再按各种比例加入各种香辛料（花椒、草果、桂皮、姜皮、茴香等香料），再用大锅内再加入白萝卜片熬成即可，肉汤香气浓郁。制汤时，将锅内的浮沫完全撇打干净，食用时只选用调好的清汤。煮熟拉面浇上清汤，佐以牛肉丁、香菜和蒜苗，调入香辣且红亮的辣椒油即可食用，真是：面细者长、汤清者亮、肉烂者香。

青海拉面熬汤的调味品和熬制方法如下。

注意事项

（1）将调好的拉面牛肉汤在锅中不能长时间的在炉灶上烧沸，以免汤发黑浑浊。

（2）已经熬好的原牛肉汤或调好味的牛肉汤在存放中最好用陶瓷缸来装，因为已经调好味的汤内有各种调味品，如在铝锅内盛汤会起化学反应，牛肉汤保存的时间不宜过长，避免汤色变黑或色红味不正的情况。

（3）一般情况下色泽较深的调料最好在煮肉时整粒加入，在制作汤料时少使用色泽较深的调料，尽量保持汤在使用过程中变色。

（4）汤料调配时根据春夏秋冬四季灵活掌握口味，夏天的味道比较清淡，香而不烈，冬天汤料的口味稍微调重。

主料：水50千克、牛棒子骨6千克、生牛油1千克、牛脊骨5千克、牛肉提前用清水浸泡，然后再下锅。一般锅内肉少骨头多。

方法：将新鲜的牛肉及棒子骨用清水洗净，放在清水里浸泡 3 小时捞出（血水留下还有用）。将牛棒子骨用砍刀剁开，大块牛肉切成小块，一齐下入冷水锅烧沸，待即将煮沸时撇尽浮沫，依次放入生牛油、调料，再撇净浮沫，大火烧开后改为小火炖 3~4 小时即可，牛肉煮至用筷子可轻松插入为准，待锅内牛肉汤凉晾后将牛肉、牛油、调料包捞出。牛骨留在锅里，汤内再加入泡牛肉的血水继续烧开撇净浮沫待用，然后过滤盛入不锈钢锅内。

青海拉面配制工艺

操作者在制作拉面一系列的过程中，最终制作出一碗热气腾腾，香味四飘的正宗青海拉面，成品拉面的具体做法是：先把锅内的水烧开，根据制汤的工艺程序调好汤，再用整个和面的步骤制作出软硬适当的拉面面团之后，下好长短一致，粗细均匀的拉面剂子，将各种辅料加工后准备待用。

操作者用熟练的拉面手法，根据消费者的要求，拉出柔韧、滑爽的拉面，再用“摆”的手法下入沸水锅内，待面条发黄成熟后，捞入碗内，先舀上牛肉汤再依次放入萝卜片、蒜苗、红油、肉丁、（榨菜）后立即上桌食用。

拉面成品

牛肉拉面是属于快餐食品，操作者不仅要做好各个方面制作程序，特别是要重视牛肉拉面的特点：一清、二白、三红、四绿、五黄。

一清：就是汤要清者亮，牛肉拉面鲜汤，不仅是味美可口，而且还要清澈见底，不能有其他原料的色泽混入。

二白：就是萝卜片要白，根据季节，选择所需要的萝卜品种在刀工处理后再经过沸水焯透（加少许盐）再放在已用调味品调好的汤中煨至嫩度适口，而且还要保持色泽洁白。

三红：是指拉面中的红油，根据本文第六章共两节制作红油的程序方法，所使用的红油不仅是香而不辣，肥而不腻，色泽鲜红。

四绿：指拉面辅料中的青蒜苗和香菜，在拉面制作选料过程中，不能用已发黄而失去水分和色泽的蒜苗和香菜，一定要选新鲜的，使碗中的拉面绿色鲜艳，更加诱人食欲。

五黄：根据和面的工艺所使用达到质量标准的面团，添加辅料要适当，制作的程序要合理，这样才能使拉出的面条粗细均匀，下在锅里熟后发黄，吃起来面条根根有劲，柔韧滑爽，汤要清者亮，面要细者长，肉要烂者香。

辅 料

萝 卜

学名 *Raphanussativus* L. 十字花科萝卜属二年或一年生草本植物，高 20~100 厘米，直根肉质，长圆形、球形或圆锥形，外皮绿色、白色或红色，茎有分枝，无毛，稍具粉霜。总状花序顶生及腋生，花白色或粉红色，果梗长 1~1.5 厘米，花期 4—5 月，果期 5—6 月。

史学研究萝卜的原始种起源于欧、亚温暖海岸的野萝卜，萝卜是世界古老的栽培作物之一，远在 4 500 年前，萝卜已成为埃及的重要食品。中国各地普遍栽培。

萝卜根作蔬菜食用，种子、鲜根、枯根、叶皆入药，种子消食化痰，鲜根止渴、助消化，枯根利二便，叶治初痢，并预防痢疾，种子榨油工业用及食用。

营养价值 萝卜在中国民间素有“小人参”的美称。一到冬天，便成了家家户户饭桌上的常客，现代营养学研究表明，萝卜营养丰富，含有丰富的碳水化合物和多种维生素，其中维生素C 的含量比梨高 8~10 倍。 白萝卜富含维生素 C，而维生素 C 为抗氧化剂，能抑制黑色素合成，阻止脂肪氧化，防止脂肪沉积。萝卜含有能诱导人体自身产生干扰素的多种微量元素，同时，萝卜中含有大量的植物蛋白、维生素 C 和叶酸，食入人体后可洁净血液和皮肤，同时还能降低胆固醇，有利于血管弹性的维持。

药用价值 中医认为，萝卜性凉，味辛甘，无毒，入肺、胃经，能消积滞、化痰热、下气、宽中、解毒，治食积胀满、痰嗽失音、肺痨咯血、呕吐反酸等。萝卜具有很强的行气功能，还能止咳化痰、除燥生津、清热懈毒、利便。

萝卜可增强肌体免疫力，并能抑制癌细胞的生长，对防癌、抗癌有重要意义。萝卜中的 B 族维生素和钾、镁等矿物质可促进胃肠蠕动，有助于体内废物的排出。常吃萝卜可降低血脂、软化血管、稳定血压，预防冠心病、动脉硬化、胆石症等疾病。

萝卜味甜，脆嫩、汁多，“熟食甘似芋，生荐脆如梨”，其效用不亚于人参，故有“十月萝卜赛人参”之说。古往今来，有不少名人也都善食萝卜。

青海拉面中用途 在调好的拉面汤中加入已熟的萝卜片，不仅在汤中增鲜解腻，还有帮助消化的功能。

香　菜

别名　胡荽、香菜、香荽、延荽。

性味　归经辛，温。入肺、胃经。发表透疹，健胃。全草：麻疹不透，感冒无汗；果：消化不良，食欲不振。

功效　中医认为香菜性温味甘，能健胃消食，发汗透疹，利尿通便，驱风解毒。香菜营养丰富，香菜内含维生素 C、胡萝卜素、维生素 B_1、B_2 等，同时还含有丰富的矿物质，如钙、铁、磷、镁等。香菜内还含有苹果酸钾等。香菜中含的维生素 C 的量比普通蔬菜高得多，一般人食用 7~10 克香菜叶就能满足人体对维生素 C 的需求量；香菜中所含的胡萝卜素要比番茄、菜豆、黄瓜等高出 10 倍多。

青海拉面馆用途　主要用于牛肉汤的增香、祛除腥、膻味，增加营养。

牦牛肉

牦牛生长在地球之巅的高寒、无任何污染环境中，是独特的半野生半原始珍稀动物，与北极熊、南极企鹅共称为“世界三大高寒动物”。牦牛终身无劳役，逐水草而居的半野生放牧方式、原始自然的生长过程，一生中摄入大量的虫草、贝母等名贵中草药，使牦牛肉质细嫩，味道鲜美。

牦牛肉富含蛋白质和氨基酸，同时含有胡萝卜素、钙、磷等微量元素，脂肪含量特别低，热量特别高，对增强人体抗病力、细胞活力和器官功能均有显著作用。牦牛肉极高的营养价值是其他牛肉所无法比拟的，《吕氏春秋》载，“肉之美者，牦象之肉”，在港澳和西欧市场上，牦牛肉被誉为“肉牛之冠”。牦牛肉以富含蛋白质和低脂肪而名列肉类前茅，是国际市场上稀少的高级肉类，以“名、优、稀、特”征服了世界各地的消费者牦牛的肉经过盐卤，切成薄片，拌上辣椒不失为一道好的下酒菜，当然，酒要喝当地的青稞酒。牛全身都是宝，肉可食，皮可缝制成衣，靴、袋等。牛头可加工成工艺品，牛尾可制作成弹扫灰尘的扫帚，牛鞭则是一道壮阳药，牦牛因其常年生活在海拔几千米以上地区，这些地方生长着许多野生药种如贝母、虫草等，牦牛常食这些药材，其肉鲜美无比，杀后可炒红烧、清沌或凉晒成千巴等，其味独特。

在港澳和西欧市场上，牦牛肉被誉为“肉牛之冠”。牦牛肉以富含蛋白质和低脂肪而名列肉类前茅，是国际市场上稀少的高级肉类，它以名、优、稀、特征服了世界各地的消费者牦牛的肉经过盐卤，切成薄片，拌上辣椒不失为一道好的下酒菜，当然，酒要喝当地的青稞酒。牛全身都是宝，肉可食，皮可缝制成衣，靴、袋等。牛头可加工成工艺品，牛尾可制作成弹扫灰尘的扫帚，牛鞭则是一道壮阳药，牦牛因其常年生活在海拔几千米以上地区，这些地方生长着许多野生药种如贝母、虫草等，牦牛常食这些药材，其肉鲜美无比，杀后可炒红烧、清沌或凉晒成千巴等，其味独特。

青海拉面选用的牛肉主要是产自海拔3800米以上的青海牦牛，牦牛体矮身健，脊甲高，垂皮小，毛长，色黑或黑白花斑，尾毛蓬生，成年体重200~300千克，耐寒，生长在海拔3 000米以上的高寒环境，牦牛可食牧草中含草种多达1 480多种，其中中药材就有280多种。吃得好，喝的好，肉质均属上乘，味香色美，营养丰富，富含多种氨基酸和微量元素，具有较高的抗癌、抗衰老及恢复体能等保健价值，被誉为“高原绿色食品。”所以当地的牧民流传着这样的说法：“我们的牛羊，吃的是冬虫夏草，饮的是矿泉水，尿的是太太口服液，屙的是六味地黄丸。”此话听起来有点夸张，但从另一方面反映了牦牛肉确实是天然无污染的。所以牦牛肉有驱风寒之功能，还可以治胃寒、风湿、类风湿等病，有滋阴补肾、强身壮体之功效，其营养价值极高。

循化线辣椒

循化辣椒原产于青海省循化县内（35° 25′~35° 56′ N，102° 04′~102° 49′ E）。具有果肉厚，果实细长，果实油多籽少，辣味适中，香味浓郁的特点。

循化辣椒地方名产。又叫牛角椒、线辣椒。茄科，1年生直立草本，高40~60厘米，枝顶双生或簇生，花单生于叶腋或枝腋，花白色，成熟后为红、橙、紫红色，味辣，果皮和胎座间有空腔，内有扁形种子。花果期7—10月，东部地区广泛栽培。品种有柿子椒，也叫甜椒或灯笼椒，株高叶茂，果大如梨，色赤或黄，辛淡味甜；又有长椒，亦称长角辣子，植株细健。叶窄花小，果长而弯，端尖如角，其中最有名的当属循椒，质量优良，肉厚味馥，色红艳丽。果为重要蔬菜和调味品。含辣椒碱、辣椒红素等，能促消化，增食欲，内服可驱虫、发汗，外敷治冻疮、风湿、镇痛、散毒。

循化线椒，皮薄、肉厚、色鲜红、味香醇。营养成份普遍高于山东尖椒，蛋白质含量16.9%，比山东尖椒高1.9个百分点，每100克中维生素C含量为170毫克，胡萝卜素含量为267毫克，辣椒红色素13.3毫克，均比山东尖椒分别高出20毫克、60毫克、3.3毫克；脂肪含量为14.4%，比山东尖椒高出2.4个百分点；总糖含量为12%，比山东尖椒高出6个百分点；富含人体所需的微量元素每100克中镁、钾含量分别达到269.65毫克，1965.46毫克，比山东尖椒分别高138.65毫克，880.46毫克；椒油含量平均为14.62%，比陕西、新疆两地分别高2.21和1.2个百分点，循化线椒由于富含维生素C、钾、辣椒碱、辣红素、β 胡萝卜素是天然的色素、维生素C可以促使色素保存，所以用于加工后的辣椒色彩鲜红、营养丰富。

“循化线辣椒”地理标志注册以来，当地种植村由初建时的48个村，增加到69个村，

种植户达到 7 500 户，种植面积从 2007 年的 1.68 万亩，增加到 2010 年的 2.6 万亩，线辣椒市场价格从 2007 年的每千克 1.6 元，提高到 2010 年的每千克 7 元，产量达到 34 000 万千克，产值达 1.38 亿元，实现收入 1 000 多万元，增长 3 倍。受益人口从占全县总人口的 40% 增加到 70%。

草　菓

英文名　Tsacko

别名　草果子。

性味　味辛、性温，有特殊的芳香气味。

功效　具有燥湿健脾，除痰截疟的功能。

保存方法　装铁箱内加盖，放阴凉干燥处

烹调用途　用于制作老汤卤水和卤制动物类菜肴、增加特殊的香味。

青海拉面馆用途　制作青海拉面煮肉、调制青海拉面汤料中的主要调味料之一。

大茴香（八角）

英文名　Stararlso

别名　八角茴香、八角、八角株。

性味　味辛、性温。

功效　温阳，散寒，理气。治中寒呕逆，寒疝腹痛，肾虚腰痛，干、湿脚气。

保存方法　干茴香应密封、阴凉、避光保存。鲜茴香可以加水冷冻，吃的时候再解冻。

烹调用途　大茴香常用于制作卤汁调料，用来增加香味去除异味，为“五香料”的主要原料。

青海拉面馆用途　青海拉面店煮肉及汤料中使用的比例较少，主要用于和其他香料混合制作辣椒油炼制的香味。

花 椒

英文名 Bunge Pricklyash Peel

别名 川椒、山椒。

性味 性温、味辛、有微毒。

功效 芳香健胃，温中散寒，解鱼腥毒。

主要成分 含柠檬烯、枯醇、香叶醇等、蛋白质、脂肪、钙、磷、铁、碳水化合物、尼克酸、核黄素、硫胺素等。

保存方法 用玻璃瓶或瓷瓶密封保存。

烹调用途 去腥味除膻味，解腻增鲜的功效。

青海拉面馆用途 青海拉面店煮牛肉、调汤、炸制辣椒油的主要调料之一。青海拉面店使用的花椒主要以青海循化的鲜红花椒。

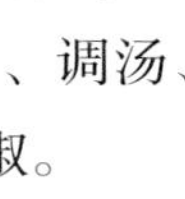

胡 椒

英文名 Black Pepper

别名 昧履支、浮椒、玉椒。

性味 味辛、性热。

功效 下气、消痰、温中散寒、助消化、解食物毒。

主要成分 主要成分是胡椒碱，也含有一定量的芳香油、粗蛋白、粗脂肪及可溶性氮，果实含有生物碱和挥发油等成分。

保存方法 装进密封容器、置于室内干燥通风处，同时要避免光照。

烹调用途 去腥、提鲜、增香、开胃。

青海拉面馆用途 青海拉面馆煮制牛肉和调制牛肉汤时将其作为主要调味料之一来使用。

荜 茇

英文名 Long Pepper

别名 鼠尾、哈蒌。

性味 味辛，性热。

功效 温中散寒，下气止痛。

保存方法 密封保存并注意防潮避湿

烹调用途 常用调味品，有矫味增香作用，多用于烧、烤、烩等菜肴。是卤味调料之一。

青海拉面馆用途 青海拉面店煮肉、调汤料中使用比例较少。

其他用途 用于治疗胃寒、肾寒、心脏性水肿。能治腹泻呕吐，头疼牙疼，有怯寒的功效。

洋 葱

英文名 Commononion

别名 球葱、圆葱、玉葱、洋葱。

性味 味辛、性温、具有浓烈的刺激味。

功效 预防癌症、维护心血管健康、刺激食欲，帮助消化、杀菌、抗感冒。

主要成分 富含钾、维生素 C、叶酸、锌、硒，及纤维质等营养素，还有两种特殊的营养物质——槲皮素和前列腺素 A。

烹调用途 因具有特殊的辛辣味，菜肴的垫底可用于增香或生拌食用。

青海拉面馆用途 青海拉面店主要用于小菜洋葱拌木耳、炒面的辅料，增加面食的香味。

葱

英文名 Fistuieronion

别名 洋葱，葱白。

性味 味辛，性温。

功效 能通阳活血、驱虫解毒、发汗解毒、壮阳补阴、预防癌症、舒张血管

烹调用途 做烹饪材料，解腥味除膻味，提味增香，诱人食欲。烹饪全过程作为必不可少的小俏原料。

青海拉面馆用途 在青海拉面和面食中的主要增香原料。

烹调中用葱的科学 以葱来调味作菜，古籍中早有详尽记载。《礼记》上说，“葱渫(yi)处末”，“凡脍，春用葱……脂用葱”，“切葱若薤，实诸醯以柔之”等。其中既有烹调方法，也有择配。如“葱济”是蒸葱；凡切细的肉，春季需用葱作配俏……“实诸醯以柔之”为醋渍葱。看来，古代的用葱技艺已达到非常讲究的地步了。

葱含有大量挥发性成分硫化物，即葱辣素，具有浓烈的辛香味，可解腥气，是很好的调味品。《清异录》记载：“葱，和美众味，若药剂必用甘草也。”这里把葱在烹调中所起的作用，比作中药甘草真是恰如其分。

烹调中用葱经过几千年的演变发展，到今天更讲究了。根据不同菜品的成菜要求，配俏用葱大体分为小宾俏、寸节葱、大俏头，形状达十余种，每种加工成不同形状的葱又各有自己的专门用途，试列表如下：小宾俏寸节葱葱颗——用于炒制菜肴的配料，如宫保肉丁、辣子肉丁

红油兔丁等凉拌菜也用葱颗配俏。鱼眼葱——用于鱼香味菜肴的小俏头，如鱼香肉丝。葱花——用于冷菜调味或撒于汤中增香。从表上看，葱的专业化程度之高是其他调料所不及的，它标志着烹调技术的发展。

厨师根据葱的质味和成菜要求，总结出“生葱熟蒜”的经验，这是很有科学道理的。因为葱所含硫的挥发油很大一部分是以结合态存在的，需要在高温条件下热油爆炒(150~160℃)，才能很好挥发出香气来。但从葱的成分来看，水分占90%以上，且纤维细嫩，经不住高温条件下长时间久炒。要使葱既透出浓郁的香味，又要保持葱绿的本色，不致在锅内软瓤吐水，就需要把握好火候与下锅烹炒的时间。

炒、爆、熘加热时间短，成菜快，葱应在菜肴起锅前放，炒至刚断生并略带生味为止，这样既脆嫩美观，又有较浓郁的葱香味。

葱烧之类菜肴加热时间虽长，但系选用大葱之葱白，葱节既长且粗，因此需较长时间煸炒才能充分使葱透出香味来，但也只能煸炒到葱色微黄即可。

由上可知，炒菜中“生葱”的含义既包含了运用火候要恰到好处，又提出了成菜时葱的至熟程度的标准。

制糁要求成菜后清白细嫩，又无动物性原料的腥味。胡椒粉、黄酒这些调味品中的娇娇者，会留下“污染”颜色的后遗症，而难于派上用场。还是厨师的聪明才智解决了这个难题。用葱配生姜泡水打糁，方收到了两全其美的效果。

葱在烹调中既是菜肴的调味料，也作菜品的调料，起着双重作用。

良 姜

英文名 Lessergalargar

别名 风姜、小良姜、高凉姜、良姜、蛮姜、佛手根、海良姜

性味 其性温、味辛；具有芳香气，有节，节处有环形膜质鳞片，节上生根。主治：脘腹冷痛，胃寒呕吐，嗳气吞酸。分布于我国云南、广东、广西及台湾等地区。

功效 温胃散寒，消食止痛。

保存方法 放在干燥通风处，有塑料袋或保鲜袋的话，用袋子装好密封。最好密封放在冰箱里。

烹调用途 专用卤水调料，一般使用较少。

青海拉面馆用途 青海拉面店中主要用于煮肉（汤）料中的少许辅助调味料。

其他用途 消食、解酒、刺激食欲的功用。

豆 蔻

英文名 Nitmeg

别名 白豆蔻、多骨、壳蔻、白蔻、圆豆蔻、扣米、白叩、白扣仁。

性味 味辛。性温，有辛香气味。

功效 可用于化湿消痞，行气温中，开胃消食。用于湿浊中阻，不思饮食，湿温初起，胸闷不饥，寒湿呕逆，胸腹胀痛，食积不消。

保存方法 密封保存并注意防潮避湿。

烹调用途 炖肉放的香料，和做卤水用的料，白豆蔻味辛，性温；归肺、脾、胃经；芳香行散，升中有降；具有行气化湿，温中止呕的功效。

青海拉面馆用途 青海拉面店汤料中使用，但比例较少。

香辣椒

英文名 ChilliCayenne

别名 牛角椒、长辣椒、菜椒、灯笼椒。拉丁文名：*Capsicum annuum* L.

性味 味辛，性热。能温中健胃，散寒燥湿，发汗。

主要价值 为重要的蔬菜和调味品，种子油可食用、果亦有驱虫和发汗之药效。

功效 健胃、助消化。

保存方法 放于干燥通风处，注意避免虫蛀，防止霉变，保持其风味不失。

烹调用途 去腥压异味、解腻、增香、提辣的作用、煎炒，煮食，研末服或生食。

青海拉面馆用途 青海拉面食材中必不可少的调味料，一般磨成粉状用于炸制辣椒油，用于脾胃虚寒，食欲不振，腹部有冷感，泻下稀水；寒湿郁滞，少食苔腻，身体困倦，肢体酸痛；感冒风寒，恶寒无汗。

肉 桂

英文名 Cinnnarmon

别名 五桂皮、玉桂、牡桂、玉树、大桂、辣桂、平安树、中国桂皮。为樟科植物肉桂的干燥树皮。树皮芳香，可作香料，味与产自斯里兰卡肉桂的桂皮相似，但较辣，不及桂皮鲜美，且较桂皮厚。

性味 味辛甘，性温热。

功效 有助于食物的消化吸收、补元阳，暖脾胃，除积冷，通血脉。治命门火衰，肢冷脉微，亡阳虚脱，腹痛泄泻，寒疝奔豚，腰膝冷痛，经闭症瘕，阴疽，流注，及虚阳浮越，上热下寒。

保存方法 密封保存，并放于阴凉干燥处。

烹调用途 肉桂是平常家庭中炖肉、炒菜必不可少的调味品，在西方人们更是用肉桂打成粉末加入咖啡、奶茶中调味。肉桂还含有特殊芳香气味的植物，可以制作比较特殊的香料，多用于调制卤汤，腌制食品制作卤菜，肉桂粉为“五香粉”的原料之一。

青海拉面馆用途 是青海拉面煮牛肉（汤）和调牛肉面汤料的主要调味料之一，主要用于增香，祛除腥膻气味。

生 姜

英文名 Rhizoma Zingiberis Recens

别名 姜、姜根、百辣云、勾装指、因地辛、炎凉小子、鲜生姜、蜜炙姜、生姜汁。

性味 味辛，性微温。

功效 解表散寒，温中止呕，化痰止咳。用于风寒感冒，胃寒呕吐，寒痰咳嗽。

烹调用途 姜丝入菜，多作配料。姜块(片)入菜去腥解膻，姜米入菜起香增鲜，姜汁入菜色味双佳，作烹调香料调味品不可缺少的原料。

青海拉面馆用途 在青海拉面中主要用于煮牛肉的调味。

其他用途 发汗解表，温中止呕，温肺止咳，解鱼蟹毒，解药毒。

干 姜

英文名 Driedginger

别名 白姜，姜片。

性味 味辛，性温，具有强烈的辛辣气味。大辛、大热。入心、肺、脾、胃经。

功效 温中逐寒，回阳通脉。治心腹冷痛，吐泻，肢冷脉微，寒次喘咳，风寒。

湿痹，阳虚吐、温中回阳，温肺化痰，温经止血。

保存方法 放在通风干燥处。

烹调用途 姜片为烹饪调味原料，姜粉则为其他综合香料粉的原料之一。

青海拉面馆用途 是青海拉面煮汤（肉）料中和调汤中必不可少的调味料之一。

小茴香

英文名 Anise，**别名**欧洲茴香。本品为双悬果，呈圆柱形，有的稍弯曲，长 4~8 毫米，直径 1.5~2.5 毫米。表面黄绿色或淡黄色，两端略尖，顶端戏留有黄棕色突起的柱基，基部有时有细小的果梗。分果呈长椭圆形，背面有纵棱 5 条，接合面平坦而较宽。横切面略呈五边形，背面的四边约等长。有特异香气，味微甜、辛。

性味 味辛，性温。

功效 小茴香有散寒止痛，理气和胃的功效。盐小茴香有暖肾散寒止痛的功效。

保存方法 干茴香应密封、阴凉、避光保存，鲜茴香可以加水冷冻，吃的时候再解冻。

烹调用途 多用作增香去除异味。

青海拉面馆用途 在青海拉面中使用比较普遍，主要用于煮肉调汤的调味增香、增加香味。

大 蒜

英文名 Garilc，**别名**大蒜（Garlic）又叫蒜头、大蒜头、胡蒜、葫、独蒜、独头蒜，是蒜类植物的统称。

性味 大蒜味辛、性温，入脾、胃、肺经。具有温中消食、行滞气、暖脾胃、消积、解毒、杀虫的功效。

功效 温中健胃，消食理气。大蒜为百合科植物蒜的鳞茎。大蒜的种类繁多，依蒜头皮色的不同，可分为白皮蒜和紫皮蒜；依蒜瓣多少，又可分为大瓣种和小瓣种。白皮蒜：蒜瓣外皮呈白色，辣味淡，耐寒，耐贮藏。白皮蒜有大白皮和狗牙蒜两种，前者蒜头大，瓣均匀，后者蒜瓣极为细碎（多者20~30瓣），食用时剥皮费工。中国人食用大蒜的年代较晚，大约是汉朝张骞出使西域后才引进的。大蒜既可调味，又能防病健身，常被人们称誉为“天然抗生素”。

烹调用途 酒店、家庭烹调食材中用料相当多的原料之一。

青海拉面馆用途 青海各类面食中常用的一种主要调味料。

产地分布 中国大蒜的主要产地：中国大蒜之乡——山东省济宁市金乡县、济宁兖州的漕河镇、临沂市兰陵县、莱芜市、济南市商河县、东营市广饶县、聊城市茌平县、菏泽市成武县，潍坊市的安丘，江苏省邳州市5万公顷大蒜示范区、丰县、射阳县、太仓市，河北永年县、大名县北部，广西壮族自治区玉林市仁东镇，河南省的沈丘县冯营乡、中牟县的贺兵马村及开封东部等县区，其中以杞县面积较广，祥符区东南大部及通许县北部区域也同样是大蒜产区，上海嘉定，安徽亳州市、来安县，四川温江区、彭州市，云南大理，陕西兴平市及新疆

等地。

它原产地在西亚和中亚，自汉代张骞出使西域，把大蒜带回国安家落户，至今已有2000多年的历史。大蒜是人类日常生活中不可缺少的调料，在烹调鱼、肉、禽类和蔬菜时有去腥增味的作用，特别是在凉拌菜中，既可增味，又可杀菌。习惯上，人们平时所说的“大蒜”，是指蒜头而言的。

大蒜的品种按鳞茎外皮的色泽可分为紫皮蒜与白皮蒜两种。紫皮蒜的蒜瓣少而大，辛辣味浓，产量高，多分布在华北、西北与东北等地，耐寒力弱，多在春季播种，成熟期晚；白皮蒜有大瓣和小瓣两种，辛辣味较淡，比紫皮蒜耐寒，多秋季播种，成熟期略早。

近年来，随着种植科学技术的发展，青海省海东市乐都区出产的红皮大蒜在市场上独领风骚，甚至已经销售海外。

香　草

英文名　Vanilla

别名　香花、香兰。

性味　味辛，性温。

功效　杀菌素，不仅可驱蚊蝇、美化环境、净化空气、美化居室，还广泛用于美容、沐浴、饮食及医疗。从香料植物提取的香精与干燥香料物质，是食品、化妆品、香皂、医疗工业的重要添香剂。

烹调用途　调味、增香、制作香料。

青海拉面馆用途　青海拉面中主要用于煮肉增香，但使用量较少。

砂　仁

英文名　sharen

别名　阳春砂仁，长泰砂仁。

性味　味辛，性温。归脾、胃、肾经。芳香行散，降中有升。

功效　行气调中，和胃，醒脾。治腹痛痞胀，胃呆食滞，噎膈呕吐，寒泻冷痢，妊娠胎动。

保存方法　放于干燥阴凉处。

青海拉面馆用途　主要用作于制作青海拉面汤料中的调料部分，比例不大。

青藏牦牛肉

英文名 beef

产地分布 产于青海南部、北部两高寒地区，包括果洛藏族自治州和玉树藏族自治州两个州的12个县，黄南藏族自治州的泽库县和河南蒙古族自治县，海西蒙古族藏族哈萨克族自治州的天峻县和格尔木市唐古拉山公社，海北藏族自治州的祁连县和海南藏族自治州的兴海县西的公社，大多在海拔3 700米，甚至4 000米以上的高寒地区。

功效 健脾益肾，补气养血，强筋键骨，促进骨骼生长，提高人体免疫力。

保存方法 冷冻。

适应性能 青海高原牦牛能适应海拔3 200~4 800m，大气压68 420.85~55 435.28Pa，氧分压14 505.43~11 679.01Pa，含氧量14.9%~11.44%的生态环境。其胸廓发达，心肺发育指数大，心指数为0.45~0.63，肺指数为0.96~1.40。寒冷季节，牦牛胸部腹侧下、粗长毛根部着生密而厚的绒毛，借以保护胸、腹内脏器官、外生殖器官、乳房及各关节，以防受冻。据测定，在海拔3 800米的草甸草场上日放牧9.5h，牦牛日采食鲜草27.86 ± 1.42kg。在牧草缺乏季节， 利用其长而灵活的舌，舐食灌丛、落叶、根茬以及残留在凹处的短草，极耐艰苦，并具有宜于爬山的四肢和似马蹄铁样硬质蹄壳，随处都可攀登自如。

青海拉面馆用途 牛肉是制作青海拉面中必不可少的一种主要原料，多使用青藏高原地区的牦牛肉、黄牛肉。

月桂叶

英文名 Bayleaf

别名 桂叶、香叶、月桂叶。为樟科植物月桂 *Laurusnobilis* L. 的叶。原产于地中海一带。我国江苏、浙江、福建、台湾、四川、云南等地有引种栽培。具有健胃理气之功效。用于脘胀腹痛；外治跌扑损伤，疥癣。

性味 气芳香，味辛凉

功效 健胃理气开胃消食，增强体质。

保存方法 装置在袋子里放置在干燥避光的地方。

烹调用途 在烹饪中脱臭为主，增香为次，月桂叶作为一种香氛浓郁的调味料，最主要的作用就是给食物增味，在烹制食物时添加月桂叶，可以让月桂叶的香味渗透进食物中，尤其是在烹制一些鱼肉等有腥味的食物时，加上一些月桂叶来煮可以去腥味。添加过月桂叶的食物食用时更加能够增进食欲，使用效果是十分明显的。

牛骨髓

俗名 牛骨髓、牛脊髓、牦牛骨髓。动物牦牛棒骨采髓，是藏族人传统名贵食品之一，自古以来就有："骨髓可以补骨髓，壮筋骨，延年益寿"的记载。牦牛骨髓味辛、性温，归肝、肾经；功能温补祛寒，强筋健骨；用于风寒湿痹，筋骨疼痛，腰膝软弱滋肺补肾，填精益髓；主治肾精不足，虚劳羸瘦，骨痿无力等；肺肾阴虚，多喘多咳，口渴多饮，皮肤干燥，手足皲裂等。现代分析表明牦牛骨含有钙、铜、锌等多种元素和骨胶肽、多糖等，其促进骨骼发育和骨伤愈合的成分含量比一般食草动物骨骼高。由于生牦牛骨质地坚硬，不利于成分的溶出，加工的目的在于使牦牛骨破碎，便于骨髓营养成分的溶出；从而增强药物的疗效；同时，传统藏医药理论认为牦牛骨髓内在成分起滋补祛寒作用。

性味 性温、味甘。

功效 润肺、补肾、壮阳、填髓、牦牛是青藏高原特有的畜种，它生活在海拔 3 000 公尺以上的天然、无污染的草原上，其体魄健壮，心肺功能好，体内红细胞、血红蛋白多于其他牛种，携氧能力强，抗疲劳耐高寒，骨髓又是牦牛体内营养最丰富的物质。骨胳是牦牛机体的重要组织，起到支撑机体的作用，管骨所含的骨髓还有造血作用。牦牛骨髓是我国藏族传统的营养食品，由于牦牛数量较少，经济价值高，牦牛骨髓采集量较小的原因，牦牛骨髓成为了名贵的滋补食品。

牦牛骨髓含有丰富的蛋白质、Ca、P、Fe、Zn、Cu，以及软骨素、卵磷脂、多种维生素等营养成分，营养价值极高。牦牛骨髓中还含有多种氨基酸，包括人体内不能合成的必需氨基酸，具有补充机体营养成份和提高免疫力的作用，特别是其中含有人脑中不可缺少的磷脂质、磷蛋白与防止人体老化的骨胶朊和软骨素，而且钙磷比例合理，易于人体的消化吸收。对儿童可预防幼儿佝偻病，促进骨骼和大脑发育；对成人有预防骨质疏松、牙齿

松动、降低血脂、软化血管、增强造血机能等多种功效。

食用指南

牦牛骨髓的食用方法

（1）精髓亏虚，肢体痿弱，肌肉瘦削，皮肤松弛，腰膝酸软，遗精盗汗：牦牛骨髓散：牦牛骨髓烤干，研成粉；黑芝麻炒香、研成末。将牛骨髓粉、黑芝麻末等量与适量白糖拌匀。每次 10 克，每日 2 次，温开水送服。

（2）精血亏虚，皮肤干燥，状如鱼麟（泽肤膏）

牦牛骨髓 500 克，将牦牛骨髓与酥油一同放在锅内，用文火煎熬成膏状，晾凉后盛入瓷罐内。每次 3 匙，白蜜汤送服。

（3）肺肾亏虚，咳嗽日久不愈，虚劳羸瘦（补精膏）

牦牛骨髓 125 克，炒核桃仁 125 克，杏仁泥 125 克，山药 250 克，炼蜜 500 克。将核桃仁、杏仁泥和山药一同捣烂呈膏状，加入炼蜜和牛骨髓，混合均匀，放在沙锅内，酌加适量沸水，用文火煮熬成膏。待凉后盛入瓶内。每次 1 匙，空腹食用。

（4）命门火衰，下元亏损，面色苍白，目眩耳鸣，畏寒肢冷，腰膝酸软，夜尿频多（骨髓全阳膏）牦牛骨髓 500 克，黄芪 500 克，肉桂 125 克，良姜 125 克，陈皮 125 克，甘草 125 克，门椒 125 克，优质白酒 2 000 毫升，食盐适量。将以上原料一并放在锅内，加入足量清水和适量食盐，用文火煮制。

产地 中国牦牛原产于青藏高原地区，又称西藏牛或猪声牛或马尾牛，是肉乳役兼用牛。牦牛是高原牧区主要家畜之一。中国是世界牦牛的发源地，全世界 90% 的牦牛生活在中国青藏高原及毗邻的 6 个省（区）。

保存方法 冷冻。

青海拉面馆用途 青海拉面中使用敲断的牛棒子骨、牛脊椎骨大火烧开改用小火熬制，主要用于青海拉面使用的主要汤类品种，使拉面汤味醇厚鲜美、富含人体所必需的多种营养素和丰富的钙质元素。

丁　香

英文名 Clove

别名 公丁香、母丁香、丁子香、支解香、雄丁香分布于从欧洲东南部到东亚的温带地区），和作为香料和中药用的暴马丁香，其叶可制成茶（见公丁香，桃金娘科蒲桃

属，产于坦桑尼亚、马来西亚、印度尼西亚等热带地区）。

性味 味辛、性温。

功效 温中，暖肾，降逆。治呃逆，呕吐，反胃，泻痢，心腹冷痛，痃癖，疝气，癣疾。

烹调用途 制作卤水、酱汤和五香味的原料成分。

产地 我国产于东北、华北、西北（除新疆维吾尔自治区）以至西南达四川西北部（松潘、南坪）。生山坡丛林、山沟溪边、山谷路旁及滩地水边，海拔300~2 400米。主要分布于西南及黄河流域以北各省（区），长江以北各庭园普遍栽培。

保存方法 放于干燥阴凉处。

青海拉面馆用途 青海拉面馆煮肉、调汤中作为很少的调味料，使用率较少。

山　奈

别名 三奈、沙姜、山柰、三柰、山辣，多年生宿根草本，为姜科山柰属植物山柰（KaempferiagalangaLinn.）的根茎，根茎块状，单生或数枚连接，淡绿色或绿白色，芳香；分布于广东、广西、云南、台湾等省（区），栽培。山柰根茎为芳香健胃剂，有散寒、祛湿、温脾胃、辟恶气的功效，亦可作调味香料。在民间，山柰一直作为药食两用的植物使用，其根茎、叶常用于白切鸡、白斩鸡的食用佐料。据中国药典记载，其味辛，性温，有行气温中、消食、止痛的作用；用于胸膈胀满，脘腹冷痛，饮食不消。

性味 味辛、性温。

功效 温中，消食，止痛。治心腹冷痛，停食不化，跌打损伤，牙痛。用于胸隔胀满，脘腹冷痛。饮食不消。

保存方法 放于干燥阴凉处。

青海拉面馆用途 在青海拉面调汤时作为辅助香调料使用，用量不是很大。

肉　寇

别名 肉果、玉果。**性味** 辛、苦、温。归脾、胃、大肠经。

功效 暖胃祛痰、温中涩肠；行气消食。用于虚泻；冷痢；脘腹胀痛；食少呕吐；

宿食不消。

主要成分 种仁含有挥发油，存在于外胚乳中，含肉豆蔻醚(Myristicin)、丁香酚(Eugeno1)、樟烯(Camphene)和肉豆蔻酸甘油酯(Myristin)等。

保存方法 密封保存并放于干燥阴凉处。

青海拉面馆用途 在青海拉面制汤、煮肉时有部分店作为增香、调味的辅助调料使用，在做卤肉制品中使用比较广泛。

食 盐

英文名 salt

别名 氯化钠，食盐是指来源不同的海盐、井盐、矿盐、湖盐、土盐等。它们的主要成分是氯化钠，国家规定井盐和矿盐的氯化钠含量不得低于95%。

功效 涌吐，清火，凉血，解毒，软坚，杀虫，止痒。

产地 主要为海盐及池盐、井盐。海盐产于我国辽宁、河北、山东、江苏、浙江、福建、广东、广西壮族自治区、台湾；池盐产于山西、陕西、甘肃、宁夏回族自治区、青海、新疆维吾尔自治区等一带；井盐产于云南、四川。销全国各地。

保存方法 存放在加盖的有色密封容器内.放于干燥，阴凉处，避免日光曝晒和空气吸湿。

烹调用途 解腻、提鲜、去腥、除膻，能突出原料中的鲜香味道。

青海拉面馆用途 食盐是咸味调料的唯一来源，一切咸味调料（如酱油、酱、咸菜、腌菜等）皆与食盐相关。

鸡 精

鸡精是一种复合鲜味剂，是味精的一种，由主要成分都是谷氨酸钠发展而来，鲜度是谷氨酸钠的2倍以上。由于鸡精中含有鲜味核苷酸作为增鲜剂，具有增鲜作用，纯度低于味精。鸡精不是从鸡身上提取的，它是在味精的基础上加入化学调料制成的。由于核苷酸带有鸡肉的鲜味，故称鸡精。可以用于使用味精的所有场合，适量加入菜肴、汤羹、面食中均能达到效果。鸡精中除含有谷氨酸钠外，更含有多种氨基酸。它是既能增

加入们的食欲，又能提供一定营养的家常调味品。味精产品更加注重鲜味，所以味精含量较高；鸡精则着重产品来自鸡肉的自然鲜香，因而鸡肉粉的使用量较高。

功效 调理肠胃、开胃消食。

保存方法 鸡精含盐，吸湿性大，使用以后要注意密封，否则容易滋生细菌。

烹调用途 调味、提鲜。

青海拉面馆用途 在青海拉面中调制牛肉汤时使用比较广泛。

蒜 苗

英文名 green garlic

别名 蒜毫，是大蒜的花茎。

性味 味辛、性温。

功效 蒜苗含有辣素，其杀菌能力可达到青霉素的1/10，对病原菌和寄生虫都有良好的杀灭作用，可以起到预防流感、防止伤口感染、治疗感染性疾病和驱虫的功效。蒜苗是大蒜青绿色的幼苗，以其柔嫩的蒜叶和叶鞘供食用蒜黄是在不受日光的照射和适当的温、湿度条件下培育出来的黄色蒜叶，蒜薹是大蒜的花茎。蒜苗具有明显的降血脂及预防冠心病和动脉硬化的作用，并可防止血栓的形成。它能保护肝脏，诱导肝细胞脱毒酶的活性，可以阻断亚硝胺致癌物质的合成，从而预防癌症的发生。据《本草纲目》记载，蒜苗具有祛寒、散肿痛、杀毒气、健脾胃等功能。

烹调用途 增香，去除异味。

贮藏方法 优质蒜苗大都叶柔嫩，叶尖不干枯，株棵粗壮，整齐，洁净不折断。蒜苗置于阴凉通风处可短储1周。

青海拉面馆用途 给青海拉面增加香味，提高食欲。

小　菜

蒜泥黄瓜

味型　蒜泥味

烹调方法　凉拌

主料　黄瓜

调料　食盐、干辣椒油适量、生抽、米醋、香油香菜、蒜泥

主体程序　清洗黄瓜→主料改刀→腌制→调味→炝油→拌匀→装盘

制作过程

（1）黄瓜洗净晾干表面的水分，放砧板上，用菜刀平拍，使黄刀开裂。

（2）横着切几刀，将黄瓜切成方块。

（3）黄瓜放入碗中，撒入适量盐拌匀，腌 5 分钟。

（4）倒出黄瓜腌出的水分，放入切好的香菜和蒜末，淋入适量米醋，再淋入适量生抽、2 汤匙辣椒油拌匀。

（5）锅下油，小火炒香剪成圈的干辣椒，起锅时淋入香油。

（6）然后将炒香的干辣椒及油淋到黄瓜上，拌匀即可。

特点　质地脆嫩，蒜香味突出 略带微辣。

关键　调味时一定要蒜味突出，其他调料不能压制蒜泥味。

菜肴变化　蒜泥菠菜、蒜泥西兰花

泡椒凤爪

味型　泡椒味

烹调方法　腌制

主料　鸡爪

调料　四川泡野山椒、姜、花椒、八角、三奈、草果、桂皮、白酒、白醋、糖、盐、味精。

主体程序 清洗主料→焯水→煮制→调制→淹水→泡制→食用

制作方法

（1）挑选和购买新鲜凤爪，把鸡爪上的指甲剪掉，刮洗去除不能食用的部分，洗净备用。

（2）将凤爪加入冷水在锅里煮制大概15~20分钟的时间，然后关火泡10分钟 。

（3）将花椒、八角、三奈、草果、桂皮等香料用开水提前泡20分钟。

（4）泡椒同水加适量凉开水，加糖、白醋、盐、味精调好味。

（5）将香料和汁水调和在一起，加适量白酒然后放入凤爪，泡2~3天之后就可以食用。

特点 泡椒味浓，爽滑脆香。

关键 泡椒凤爪的成败就是煮制，要泡煮兼使。要使凤爪中间的筋也要烂，煮熟泡制是关键。

菜肴变化 泡椒鸡珍、泡椒牛筋

卤汁花生

味型 五香味

烹调方法 卤

主料 花生

调料 八角、桂皮1节、干辣椒、香叶2片、茴香、卤水、水

主体程序 花生捡洗→浸泡→卤制→装盘

制作方法

（1）新鲜花生捡出石头、杂质，用水浸泡2小时。

（2）八角、桂皮、香叶、小茴香、丁香、辣椒清洗干净备用。

（3）锅里放入适量的水，放入全部香料，大火烧开后转中小火煮至出香味，倒入处理好的鲜花生，加入2大勺盐，3大勺卤水汁，盖上盖，大火烧开后转中小火煮至花生酥烂即可关火。

特点 口感酥烂，五香味突出。

关键 花生米一定先泡后卤，浸泡时间宜长不宜短，必须泡透。

菜肴变化 卤水牛腱、卤水金钱肚

凉拌西兰花

味型 咸鲜味

烹调方法 拌

主料 西兰花

调料 盐、味精、糖、鸡精、葱油。

主体程序 西兰花改刀→焯水→冲凉→调味→拌匀→装盘

制作方法

（1）将西兰花改刀成小朵备用。

（2）锅中烧水至开时，加少许盐、明油，下入改刀的西兰花，焯水至八九成熟时捞出，冲凉。

（3）将西兰花放入盆中加盐、味精、鸡精、糖、葱油拌匀即可（此菜可以适当添加一些彩椒配色）。

特点 色泽翠绿，咸鲜脆爽

关键 焯水一定要开水炒，必须加明油色泽才翠绿。

菜肴变化 凉拌水萝卜、凉拌马铃薯丝

香油腐竹

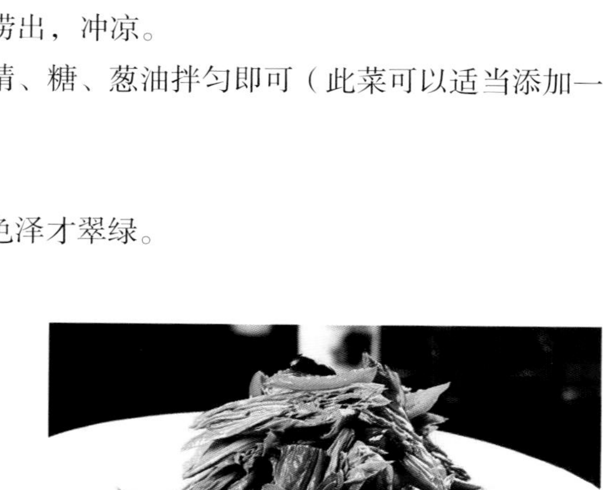

味型 香油味

烹调方法 拌

主料 腐竹

辅料 西芹

调料 盐、味精、鸡精、糖、香油

主体程序

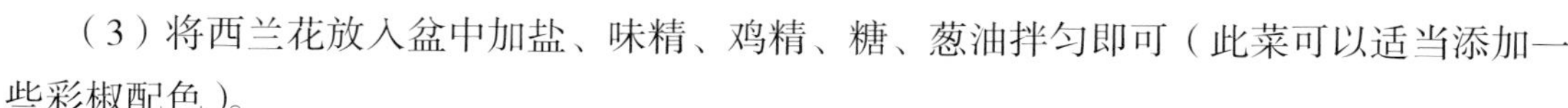

制作方法

（1）腐竹用冷水涨发一天，再改刀成菱形块，西芹去筋改刀成菱形块备用。

（2）锅中烧水至开时加少许，盐和明油，下入腐竹和西芹一同焯水至八九成熟时捞出冲凉。

（3）将腐竹和西芹放入盆中，加盐、味精、鸡精、糖、香油拌匀即可。

特点 色彩分明，口感脆嫩，香油味浓

关键 刀工必须精细一致，焯水要开水焯。

菜肴变化 香油金针菇、香油豆腐皮

酸辣马铃薯丝

味型 酸辣

烹调方法 凉拌

主料 马铃薯

辅料 青红椒

调料 盐、味精、鸡精、白醋、葱油、干辣段

主体程序 马铃薯切丝→青红椒切丝→马铃薯丝焯水→调味→拌匀→装盘

制作方法

（1）将马铃薯清洗打皮，切成细丝。青红椒切成细丝待用。

（2）锅中烧水至开时下入马铃薯丝焯水，至断生时捞出，冲凉。

（3）放入盆中加盐、味精、鸡精、白醋，上面放青红椒丝，加干辣段。

锅中烧油，至高油温时炝到干辣段，上面炝出味儿，拌匀即可。

特点 酸辣脆爽，色泽鲜明

关键 焯水断生即可，调味要酸辣味突出。

菜肴变化 酸辣笋丝、酸辣茭白

糖醋心里美

味型 糖醋味

烹调方法 拌

主料 红心萝卜

调料 盐、味精、鸡精、糖、米醋、葱油

主体程序 萝卜打皮→改刀→调味→拌制

制作方法

（1）将红心萝卜清洗干净，打皮，改刀成小一点的滚刀块待用。

（2）用盐、味精、鸡精、糖、米醋、葱油、调成糖醋汁。

（3）将萝卜块放到盆中，加少许盐拌制，出去萝卜中的一部分水分，再用调好的料

汁拌匀即可。

特点 色泽鲜艳，甜酸适口，脆嫩爽口。

关键 萝卜块先用少许盐腌去一部分水分口感才会脆爽。

菜肴变化 糖醋莲花白、糖醋黄瓜

红油双蓝

味型 红油味

烹调方法 拌

主料 白甘蓝、紫甘蓝

辅料 青红椒丝

调料 盐、味精、鸡精、糖、白醋、小葱花、红油

主体程序 主辅料改刀成丝→腌制→调味→拌制

制作方法

（1）将甘蓝改刀成粗丝，青红椒切成细丝。

（2）将两种甘蓝加少许盐、白醋拌匀折去部分水分。

（3）用盐、味精、鸡精、糖、红油、小葱花调成红油汁。

（4）将两种甘蓝加青红椒丝，再加调好的红油汁，调拌均匀即可。

特点 色彩鲜艳，诱人食欲，咸鲜微辣。

关键 甘蓝丝切配均匀，必须提前腌制再调味。

菜肴变化 红油肚丝，红油牛耳

口水牛腱

味型 麻辣味

烹调方法 卤、拌

主料 牛腱

调料 卤水 花椒油 白糖 芝麻酱 姜蒜汁 麻油 料酒 熟白芝麻 熟油辣椒 红酱油 熟花生末 醋 味精

主体程序 牛腱泡水→焯水→卤制→晾凉→改刀→调汁→凉拌

制作方法

（1）先将牛腱放入冷水中浸泡 2 小时，使牛腱中的血液泡去一部分。

（2）将牛腱放入冷水锅中加热焯水，撇去浮沫捞出冲凉。

（3）卤汤烧开，放入凉凉的牛腱卤制烂粑。捞出晾凉，切成稍厚的片整齐地码到盘中。

（4）用花椒油、白糖、芝麻酱、姜蒜汁、麻油、料酒、熟白芝麻、熟油辣椒、红酱油、熟花生末、醋、味精、红油调成口水汁，浇到码好的牛腱上即可。

特点　麻辣鲜香，牛肉糯烂，鲜香无比

菜肴变化　口水鸡、口水鸭

关键　调制麻辣味时一定要做到麻而不木，辣而不燥，辣中显鲜，辣中显麻，辣有尽而味无穷。

五香茶叶蛋

味型　五香味

烹调方法　卤制

主料　新鲜鸡蛋

调料　茯茶、八角8克、桂皮1块（8克）、花椒20粒、生姜5片、香叶3片、老抽200毫升（大约20小勺）、孜然粉15克（一定要放，这是关键）、糖1勺味精、盐适量

主体程序　清洗鸡蛋→煮制→调卤汁→卤制→浸泡入味→食用

制做方法

（1）先将清洗干净的鸡蛋用清水煮至蛋清凝固（中火煮蛋水开后再改小火煮5分钟），捞出后用冷水浸2分钟，然后轻轻敲碎至皮碎蛋膜相连。

（2）将配料加水煮开（茶叶香料用料包包好），待用。

（3）将煮好的鸡蛋放入料锅中煮1小时，然后给蛋翻身，静置2小时以上入味，再次加热便可食用。

特点　茶叶的清香与香料的浓香混然一体，鲜美嫩滑、芳香可口。

关键　煮蛋时容易破，一定要做到煮开泡制片刻使蛋白低温凝固，必须选用新鲜鸡蛋。

菜肴变化　五香牛肉、五香花生

（青海省天厨烹饪学校冷菜教研组制作示范）

青海拉面在长期的实践和创业经营当中，结合青海拉面及各种经典面食特点，前辈们总结和积累了丰富的经验，经营青海拉面为主，还可以兼营以下面食及小吃品种，以适合不同消费群体和广大群众的喜好，增加餐饮企业的收入和提高餐饮利润率。

特色风味小吃及传统面食

手抓羊肉

众所周知，青海是我国四大牧区之一，牛羊肉成为草原牧民擅长烹饪的食物，其中手抓羊肉色、香、味、形俱全。青海的手抓羊肉一般选用膘肥肉嫩的大羯羊，就地宰杀，剥皮入锅。开锅后立即捞出。火候以开锅肉为宜，肉赤膘白，肥而不膻，吃起来又鲜又嫩，十分可口。餐具只用藏刀，将羊肉割下后手抓食用，所以称为手抓羊肉。食用时十分有趣，牧民将羊尾和胸叉献给最尊贵的客人，未来女婿第一次登门，未来的岳父、岳母一定要敬一段羊脖子，颈椎骨节相连的羊脖子很难将肉吃净，但藏族青年不会被难倒，能吃得好像骨头上从来没有长过肉似的，只有这样才被认为是有本领的好女婿。所以在草原上流传着“羊脖子考女婿”的习俗。

清蒸牛蹄筋

清蒸牛蹄筋是青海回族人民筵席中常见的地方特色菜肴之一，是独具特色的青海地方佳肴。牛蹄筋的加工过程十分考究，先将牛蹄筋留皮煺毛，烧烤洗净，削除焦黑外皮，然后用碱水浸泡，反复刮洗，使表皮成为金黄色，入锅煮烂，再上笼蒸，剥去骨骼，蒸到筋质烂透，皮亦熟绽，即可配料烹饪菜肴。烹饪时切筋成条，加入胡椒、花椒、精盐、酱油、辣椒粉等作料，上笼清蒸，然后浇入鲜牛肉汤，并撒入香菜、蒜末等，成形上席。

黄焖羊羔肉

黄焖羊羔肉是半农半牧地区民间传统的名贵菜肴。吃羊羔肉的季节性很强，多在春秋产羔季节，将宰杀的羊羔清除内脏，洗净后切成一至二寸见方的小块，将肉块倒入油锅内爆炒，待肉皮炸为淡黄，加入面酱、辣椒粉、姜粉、花椒粉、精盐等作料，反复翻炒，待肉块呈红色，再加少量凉水，封锅用温火慢煨，水干肉烂，即可盛盘敬客。黄焖

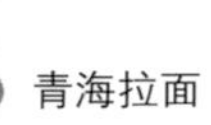

羊羔肉肉质细嫩，辣酥爽口，色泽暗红，闻之芳香，嚼之柔软，入口不腻，营养丰富，有补益强身之功效。

烤全羊

烤全羊是选择羯羊或两岁左右的肥羊为主要原料。羊宰杀后，去蹄及内脏，用精面粉、盐水、姜黄、胡椒粉和孜然等调成糊状，均匀地抹在羊的全身，然后用钉有铁钉的木棍，从头穿到尾，放在特制的炉灶上，并要不断地翻滚、抹料，3 小时左右即成。烤全羊外表金黄油亮，内部肉绵软鲜嫩，羊肉味清香扑鼻，颇为适口，别具一格。

土火锅

称为“锅子”食材选料和做法极具青海地方特色。由于气候原因，青海盛产牛羊，青海土火锅的锅底一般由羊肉清汤加少许酸菜熬制，口味偏重香辣，但是不油腻，汤色清亮，味道天然醇厚；主要原料都经过煎炸或炖煮，去掉肥腻，马铃薯、丸子、炖煮过的肉片以及一些时蔬等食材加入其中，采用传统的铜质火锅，以木炭为燃料，使火锅受热均匀，味道天然，令人齿颊留香。

牦牛排

牦牛生长在平均海拔3000米以上的高原，高原牦牛“喝的是矿泉水，吃的是冬虫夏草”，这代表着它的纯天然和无污染。牦牛肉肉质鲜嫩、细致，是高原独特的肉类美食，精选优质牦牛排骨炖制、焖烧的牦牛排色泽鲜黄、入口爽滑、味美独特。

炕羊排、烤羊肉

炕羊排是在炕锅中先炕一层马铃薯片，待马铃薯快熟时加入熟羊排、洋葱、青红辣椒等，再依次放入佐料后，稍顷即可食用。另外还有高原美食烤羊肉，是将羊肉切成小片，串在铁钎上，放在特制的长方形火炉上焙烤，烤的过程中在羊肉上抹上酱油、精盐、辣椒面、胡椒粉等作料，不停翻动。其肉嫩味鲜，营养丰富。

炕洋芋

洋芋就是马铃薯，炕洋芋是当地方言。做法是将新鲜的马铃薯刮皮洗净，切成两半，然后在铝锅里放少许油，将切好的马铃薯放入，以微火炕熟，马铃薯的表皮炕成焦黄色，再放入盐即可。

曲　拉

是将取出奶皮的牛奶盛于桶内发酵，用布袋装起吊晾，用马尾或细线切成片状，置木板上晾晒数日即成。曲拉是糌粑的最佳伴侣，也可单吃。维生素和钙含量非常高，是本地群众最为喜爱的食品。

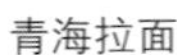

麦 仁

是烤羊肉摊上一种常见的小吃，也是当地人在腊八时的传统食品。主要是在煮过羊肉的汤中，放入麦仁和小块羊肉，再加入佐料，烧沸即可食用。

熬 饭

是在煮过肉的汤中(羊肉汤最好)，放白萝卜片、熟洋芋块、小块羊肉、油豆腐、青红椒块、黑木耳、番茄、凉粉等，再依次加入盐、花椒粉、姜粉、五香粉等调料，烧沸即可食用。

据了解，熬饭在青海这片土地上已有近百年历史了，回族称之为“熬熬”，而汉族称之为“熬饭”，不同民族的具体做法和配料有所不同，其味也略有差异。包括甘肃省河西走廊的老百姓也都喜欢这道菜肴。

青海熬饭不仅色美、味美，有营养，而且其中每味菜都有寓意，例如胡萝卜寓意红红火火，粉条寓意长长久久。青海人做熬饭，一般搭配上萝卜、豆腐等凉性食品。萝卜能起到益气补虚、下气化痰的作用；豆腐不仅能补充多种微量元素，还能起到清热泻火、除烦、止渴的作用。

筏 子

筏子是黄河上游的牧民发明的一种用羊皮制成的水运交通工具，而青海的著名小吃——筏子，形状与羊皮筏子相似，因而得名。筏子是将宰杀羊的胃壁和脂肪膜(俗称包肚油或网油)做包裹皮，把羊的内脏切成小丁并剁碎，拌入盐、姜粉、花椒粉、胡椒粉、葱花、酱油、菜油、蒜泥等，掺入面粉，搅拌均匀填入脂肪膜中，再用洗干净的小肠管来回密密地捆成长圆形状，两端封口，入锅煮熟后上笼蒸 15 分钟即可。筏子的吃法很有讲究，可以切片后蘸醋、酱、蒜泥、辣子食用，可以切成厚片在油锅内煎烤后食用，还可以切成块，浇上羊肉汤，调入蒜泥、香菜食用。筏子味醇鲜美，油而不腻，是一道全套羊肉内脏制成的特色佳肴。

酸 奶

草原上独特的奶制品。从盛夏到深秋，当牧业区产奶旺季到来时，也是制作清凉解嫩的酸奶季节。青海的酸奶表层奶皮金黄，油渍点点，洁白如脂，芳香扑鼻，鲜嫩质细，清凉微酸，加一勺白糖，酸中带甜，更是凉爽可口。在旅途劳顿时吃一碗酸奶，解渴、消热、开胃，一身的疲劳便会荡然消失。酸奶是一种理想的保健品，营养胜于牛奶。它能助消化、增食欲，还有抑菌、收敛、镇静和催眠的功能，对轻微腹泻的慢性病人有治疗作用。医学家还发现它能降低胆固醇、预防动脉硬化和肿瘤，避免过早衰老。

奶　皮

又称奶酪，是青海农牧民经营生产的著名土特产品。青海的奶皮要数海北藏族自治州门源县最为著名。奶皮的制作方法是：将煮熟的鲜奶用微火烘煮，并不断地搅动，使水分慢慢地蒸发，经过浓缩的奶汁在锅底凝结成圆形的黄色奶饼，然后用擀面杖轻轻挑起，折成半圆，放在阴凉处阴干，即成奶皮。奶皮营养丰富，高蛋白、高脂肪，为富含多种营养成分的高级营养品。

背口袋

背口袋，是土族风味特色名吃，俗称“哈里海”，是一种荨麻卷饼。据检测，荨麻含有维生素 C、K、A 及少量的鞣质。经特殊加工后，它不仅能做菜肴，还具有入药治疗关节病、泻痢、清热凉血等功效。也许正是土族人看中了荨麻的上述有益功能，才用它来特制“荨麻卷饼”，其吃法十分讲究，食之则齿颊留香，口舌生津。

馓　子

逢年过节在青海农业区的农家餐桌上最常见的待客食品要数馓子了。以回族和撒拉族群众制作的馓子最为考究。馓子是选用箩筛过的精细白面，面内加入鸡蛋，将熬成的花椒水冷却后加盐和面，待面饧好后，来回抻拉，盘线成圈放入油锅中炸熟即可。馓子酥脆可口并且久放不坏，是穆斯林喜庆之日馈赠客人的佳品。

狗浇尿

狗浇尿是青海农牧区传统的面点美食，是在用白面和好的饼上擦上香豆粉、花椒粉、食盐等调料，放入锅中，边烙边沿锅的四周浇少许清油(菜籽油)，由于做饼时锅很大，又要沿着锅边浇油，用油壶嘴浇油的动作像是狗撒尿一般，所以，就有了狗浇尿的戏称。

麻　食

又叫“麻食儿”“筒筒儿”“疙瘩儿”，是带汤的面食。将和好略硬的面，搓成长细柱形圆条，一手拿面条，一手揪成小丁，边揪边在案板上以拇指搓成筒状。下锅煮熟，然后浇上用牛羊肉丁、蘑菇丁、豆腐、木耳、鲜菠菜、粉丝等混合在一起做成的汤料食用。在当地孩子开学的前一天，经常吃这种饭，因为是空心的，取意头脑聪明，希望孩子学有所成，故也叫“聪明饭”。

什锦人参果

什锦人参果是选用上等人参果(又称蕨麻)洗净，与莲子、糯米一起蒸熟，再配以青梅、京糕、核桃仁、葡萄干、樱桃等，烧开后加淀粉勾芡即可。味鲜纯甜，五色斑斓，有一定的食疗作用。

酿　皮

酿皮是青海传统地方风味小吃。用温水调成硬面，再反复揉搓，等面团精细光滑后，再放到凉水中连续搓洗，洗出淀粉，面团成为蜂窝状物时，放进蒸笼蒸熟，这叫“面筋”，再将沉淀面粉在蒸盘中蒸熟，这便叫“蒸酿皮”。酿皮蒸熟后，切成长条，配上面筋，浇上醋、辣油、芥末、韭菜、蒜泥等作料，吃起来辛辣、凉爽，口感柔韧细腻，回味悠长。

尕面片

尕面片青海人面食中最普遍且独具特色的家常饭。尕面片的制作方法很简单，将冷水和好的面，捏扁拉成长条后，再揪成如指甲盖大小的面片，入锅称“指甲面片”揪的面片比较大者戏称“拦嘴面片”，然后入锅捞起，浇上羊肉清汤，加入羊肉丁、番茄、青萝卜片成为“番茄羊肉面片”和牛羊肉片、豆腐、粉条、蔬菜混吃成为“烩面片”还有和牛羊肉、粉丝、蔬菜混炒成为“炒面片”。品种繁多，味道各异。

干 拌

干拌是一种先经水煮，后加入浓香的牛肉炸酱，配上煮好的菠菜，凉拌的胡萝卜丝的干吃拉面，吃的时候可加入油泼辣椒和醋。配上一碗加了蒜苗的酸汤，咸鲜酸辣，味道醇厚。

主料 牛肉沫、菠菜、胡萝卜、蓬灰拉面（二细）

辅料 口蘑、青豆、蒜油

调料 盐、味精、豆瓣酱、甜面酱、黄豆酱、白糖、酱油、葱、姜、蒜、淀粉

味型 咸鲜香辣

炸酱制作

（1）将菠菜摘洗干净入沸水锅内焯熟捞出挤干水分放入调味品拌匀，胡萝卜切成丝也拌匀。

（2）口蘑洗净切片，青豆洗净待用。

（3）炒锅上火放入底油下入豆瓣酱炒香炒红下入肉沫进行煸炒，放入口蘑片和青豆，再依次放入上述调味品下入鲜汤，大火烧开撇尽浮沫勾入二流薄芡，淋上少许香油即成干拌炸酱。

（4）将二细拉面下入锅内，待面条煮熟发黄时捞出放在盘子里，先浇上蒜油，将面拌匀，一边舀上炸酱另一边放上拌好的菠菜和胡萝卜即成。

家常拉条

拉条是青海人的日常的主食之一，家庭饭馆随处可见。可带汤制成臊子面，也可以拌着炸酱制成炸酱面，和面时放适量食盐，经过揉、揣、醒等工序，做成面剂，食用时搓圆拉细入锅煮熟，家常拉条不加蓬灰，青海人叫家常拉面，口感更劲道。

主料 手工面条、牛肉

辅料 马铃薯、洋葱、青椒、红椒、蒜

味型 家常味

制作

（1）生牛肉切片、马铃薯切成二粗丝、洋葱、青红椒均切丝。

（2）炒锅上火放入底油烧至四成热，下入肉片炒熟再下入马铃薯丝、洋葱、青红椒丝炒香，再将煮熟的手工拉面倒入炒锅内进行翻炒，最后放少许蒜汁和辣椒油颠均匀出锅装盘。

炮 仗

炮仗也是青海风味面食的代表作之一。拉面出锅后不带汤，用刀切成短条，倒入用粉丝、肉末、辣椒和少量菜做好的混菜锅内混炒而成。由于面条的长短很像鞭炮，所以叫“炮仗”。出锅后的混炒法又相近于炒面片的混炒，但口味与两者各不相同。现在主流的吃法是在面装碗之后再放入炒好的牛肉粒。

主料 面条

辅料 肉沫、粉条、葱、青椒、红椒、蒜

调料 盐、味精、面食混合调料（各种香辛料按比例配好后磨成粉沫）

制作

（1）将葱、青红椒洗净切成丁粒状，粉条洗净。

（2）锅置火上烧热下入底油放入肉沫炒至香酥，再下入其他辅料，煸炒至熟，再下入鲜汤烧至入味后，将煮熟的面条割成每段 3 厘米，捞起放入炒锅内进行翻炒，最后放少许酱油和辣椒油颠反均匀出锅装碗。

羊肠面（抓面）

抓面是回族同胞制作的一种地方风味小吃，天热可吃凉，天冷可吃热。面条柔润金黄、悠长爽口，羊肠细嫩脆软、白洁鲜香。羊肠面是青海常见的一种面食。它以羊肠为主料，羊肠面又是一款不带汤的面食，实属青海实惠小吃，里面更可以放入牛羊的内脏（下水）配着辣辣的酸汤，是青海人早餐类最受欢迎的面食。

主料 面条

辅料 羊肠、青菜

调料 椒盐、秘制辣酱、醋

制作

（1）先把面条提前煮熟捞出凉晾用熟菜籽油拌好。

（2）将煮熟的羊肠切成 2 厘米左右，在平底锅里煎成两面微黄，青菜洗净切成 0.5 厘米大小的丁焯熟后下入调味品拌匀。

（3）客人点餐后将一碗面装入漏勺内在汤锅内煨热装入碗内，调上椒盐、秘制辣酱、青菜丁和醋即成。

烩 面

有着 1 300 多年的历史。是一种荤、素、汤、菜、饭兼而有之的汤面。青海的烩面是扁形的面，在青海又叫韭叶，里面的汤底是牛肉汤或者羊肉汤，配上菠菜，番茄，豆腐干，银耳，水粉条，大片的牛肉，海碗一盛，暖身又美味。

主料 宽面条

辅料 粉条、银耳、菠菜、番茄、油炸豆腐干、熟牛肉片

调料 盐、味精、面食混合调料

制作 按一碗量配，将上述各种辅料搭配装在大碗里加上适量的鲜汤烧开下入调味品淋上辣椒油，起锅倒在已煮好面的碗里即成。

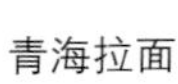

旗花面

旗花面在青海盛名远扬，手擀汤面，因它所用的鸡蛋花、葱花、带片等都切成像小旗子一样的平行四边行或三角形，故而得名“旗花面”。是青海人的一款暖胃的汤面。

主料 旗花面

辅料 番茄、鸡蛋、小油菜、牛肉沫

调料 盐、味精（少许）、花椒粉、草果粉

制作

（1）将揉好的面团用擀面杖擀薄，再横切成8厘米左右的长方片折叠在一起，切成旗花状。

（2）炒锅上火放入底油下入牛肉沫炒熟，下入鲜汤烧沸后放入调味品调好口味，再下入旗花面煮八成熟后放入番茄，打入蛋液再放上焯熟的小油菜，起锅舀入碗内即成。

鸟（qiao四声）儿舌头

比旗花面更小的汤面，形似鸟舌。在制作旗花面的基础上形成，唯独不同的是：面切的比旗花面小，辅料内加入马铃薯和萝卜，出锅时撒上香菜。是专为病人而做的病号饭。

寸寸面

青海人亲切的称为“寸寸儿”，手擀汤面，它是用小麦面调成较硬的面团，揉匀擀薄，切成韭叶宽、约6厘米长的短面条，在配有肉丁和蔬菜丁（萝卜、洋芋、葱花等）的汤锅中煮熟即可。

破布衫

手擀汤面，用青稞或者荞麦和面，用擀面杖擀成圆片，用手撕成大块的，叫“破布衫”。具体做法就是先烩菜，然后倒水，切好的面放进去！

麻食（猫耳朵）

麻食，意为手搓的面疙瘩，是古代突厥人的一种常见面食。可以吃炒面也可以吃汤面，先将面和好，反复揉匀后切成小方块，再用拇指搓碾成一小卷，形如耳朵，故俗称“猫耳朵”；最后将做好的麻食投入沸水中煮熟，捞出后加入各种佐料即可。

搓 鱼

搓鱼面，是青海特有的面食，因其成品的形状中间粗、两头尖，酷似小鱼而得名。主要是把杂面（青稞面）揉好，然后揪出一小撮面疙瘩，开始在砧板上搓出面型，然后下锅煮熟，捞出；辅料是很有讲究的，要想味道好，首先要调搭炝好的韭菜（青海人称之为：韭辣），再配上一盘酸辣洋芋丝味道更佳。

搅 团

搅团是青海特色饭食之一。将豆面或青稞面等杂面徐徐撒入沸水，并不断用擀杖搅动，文火焖烧约 20 分钟。形成固定的块状，吃时配油炝腌酸菜、辣椒、醋、韭辣、炒菜等。酸辣可口。

青海著名拉面与面食企业

河南本穆餐饮服务公司简介

河南本穆餐饮服务公司是青海籍马木海子先生创办的，注册并具有自主知识产权专营穆斯林清真食品的餐饮服务有限公司。

创办时间 2015 年 10 月

注册资金 壹亿元

主营项目 清汤牛肉面（源起清嘉兴年间马保子，俗称热锅子面），现以“中华第一面”列入被保护非物质文化遗产。

服务宗旨 公司本色真实地奉行穆斯林的信仰与人格，认认真真地为各民族广大顾客朋友做好餐饮服务，真真切切地保证餐饮质量。切切实实地把好原材料的质量关，保证选用到无污染、无添加、无公害的纯绿色环保的餐饮原材料，实实在在地让广大客户朋友享用具有西北风味、青海特色浓郁清香的清真食品。

经营目标 挖掘继承民族优秀的饮食文化，积极研究，探索出更具有新时代特色的饮食品牌。

发展理念 公司本着以人为本，以德为纲的理念，每个员工须牢记：民以食为天，食以面为先，面以“本”为鲜。努力做好公司员工素质的培养提升和技艺。

公司运营模式 直营连锁和直营合作！

本穆公司为清真品牌本着穆斯林的根本不饮酒不吸烟，采用一切合法的穆斯林的食品，公司云集行业内技术精英团队、运营管理团队、招商合作设计团队，为众多合作客户带来丰厚的经济效益，同时赢得合作伙伴的信赖与支持。公司将一如既往地秉承合作共赢，共谋发展的宗旨为所有合作伙伴提供更好的服务和支持。

本穆牛肉拉面店员工

他叫马木海子，小名嘎嘎，1990 年出生于青海省化隆县。那是个黄土高原，海拔 2 000 多米的卡力岗山区，居住着一群勤

本穆牛肉拉面店每天食客爆满，生意火爆

本穆牛肉拉面店因卫生达标、拉面质量好食客大多是回头客

劳而又文明的回族人家，信仰伊斯兰教。他们家是面食家族，父亲马吾买日，在镇上有一家面馆。十几岁的嘎嘎放学就在店里帮忙，非常懂事儿，爱学习。他始终觉得自己家的小店还有很多需要完善的地方。酝酿了2年后15岁那年，他踏上了去上海的火车，开始了拜师学艺之旅。

大地方的机会总会多一些，嘎嘎看到了一家清真牛肉面馆生意非常好，口味也很独特，未成年的嘎嘎谎称自己的身份证丢了，恳求老板不要工资留下他，再苦再累的活他都愿意干。老板被这个真诚的小伙子打动了，决定留下他试试。从此，他把这里当成自己的店，前厅忙完他就去后厨帮忙，师傅们都很喜欢这个勤劳的小伙子。后厨的一位师傅离职了，嘎嘎顺利补缺。由于勤奋爱学，有天赋又善于总结，很快他做的面，熬的汤配的料比师傅们做的还要好，让老板也对他另眼相看。嘎嘎还善于观察店里的消费者，咨询不同的客户了解他们的想法和喜好，根据顾客的反馈不断总结，创造了牛肉面套餐新模式。

不忘初心，方得始终，嘎嘎成功地说服了全家，从美丽的青海走出来，走向创业之路。第一站选择了九朝古都河南洛阳，拿出了全家的积蓄开了一家小店。由于选址没有什么经验，店里生意非常一般，将店转出去后他选择了去西安。这一次嘎嘎非常谨慎，他总结了选址的要求，早上6点多起床，21点多回去，有时候一天只吃一顿饭，没地方住的时候就睡在网吧里，经过一个半月的努力，终于在汽车站附近，确定了一家位置。而要面临的第二个问题就是资金不足，由于他为人诚信，够义气。朋友们都愿意帮他一臂之力。就这样，经过朋友们的鼎力相助，店面开业了，生意确实很好，这一次的经历，让嘎嘎意识做牛肉面靠自己一个人不行，就这样，他和老乡们，前前后后在西安开了9家店，生意都不错。这时嘎嘎又开始总结了，店小，前期投资少，能摆放的桌子也少，翻台速度慢。不满现状他要开大店，这一次他选择了来河南。河南人爱吃面，他把位置定在了东区的写字楼群旁边。东区环境好，户型方正，装修出来也漂亮，且房子的利用率也高。这一次他没有着急装修，而是请了在拉面行业资深的设计师开始对店面的装修进行设计。就这样，图纸前前后后被

改了3次，才开始装修。开业以后店里的生意也如他所想，非常好。其实早在2015年的时候他就注册了自己的餐饮公司“本穆”，“本”是本土，“穆”是清真穆斯林的意思，他想是实现他心中梦想的时候了，他要把好吃的牛肉面带给全国乃至全世界的人民。

北京西北楼餐饮管理有限公司简介

西北楼餐饮管理有限公司，简称（西北楼）以经营西北美食牛肉拉面为主，自创始以来凭借自身产品优势和口碑，在公司团队的不懈努力之下，目前在北京已有20多家直营门店，年销售额达到3 600万元以上，实现年纯利润为1 000多万元，目前规模已达到200多人。此外通过原料加工（以汤料为主料，味道十足赢得了广大消费者认可），食品生产、物流配送、同城快递配送及多元化经营为一体的联销餐饮企业，公司在快速发展的同时实现了现代化管理，并以公司新开发的“西北楼品牌牛肉面”为拉面品牌化发展，标准化经营作出了贡献。

西北楼创始人韩玉祥（1979年5月4日）青海省海东市化隆县人，早年经营运输公司，经2002年开始经营拉面馆，从上海开始发展到宁波、深圳、内蒙古，2015年到北京开自己的品牌“西北楼”连锁店，现已在北京市区开了20多家直营店，现任北京市西北楼股份有限公司董事长兼总裁。

公司秉承“先做强，再做大”“诚信敬业、创新求实，爱岗敬业、顾客第一”的发展理念，将“西北楼”美食推向全国，推向世界。目前公司

地址：北京市西城区北三环中路 18 号西北楼总店

计划在全国开设 300 家加盟店，借助政府的支持，大力推广“青海西北楼”牛肉面，在全国主要城市设立旗舰店，并吸收整合当地的普通拉面馆，招收加盟商让“西北楼”牛肉面走快速扩张的发展之路，为青海拉面走向全国，走出世界而努力！

青海宋迪克餐饮有限公司

马自云，回族，80 后创业者代表人物，青海省餐饮行业协会理事、西宁市城西区人大代表、乌玛爱心公益群主主要负责人、现任宋迪克实业有限公司董事长

宋迪克餐饮有限公司于 2013 年 8 月 20 日在青海西宁成立，是一家经营西北手工面片的餐饮实体店。总店位于西宁市黄河路 7 号。

2014 年 8 月 18 日正式成立宋迪克餐饮有限公司，注册资金 100 万元。

2017 年 8 月 1 日宋迪克餐饮有限公司变更为青海省宋迪克实业有限公司注册资金 3000 万元。旗下有加盟店目前 40 多家，已在本地区初具规模，形成了自己的独有特色和良好市场。

公司自成立以来，经过数年精心调制配方，在传承手工面片传统文化的基础上，挖掘穆斯林餐饮文化的精髓，遵循清真健康的饮食方式，着力打造最具影响力的擅长制作特色面片的清真餐饮实业，与此同时，精心研制出具有本地特色的各类小菜以及特色牛腩。

公司本着“精准制作，贴心服务”的理念，努力开拓清真餐饮市场，不断提高自己的核心竞争力，公司愿与各界新老朋友携手共进，为青海餐饮业的发展壮大作出自己的绵薄之力。

青海省拉面培训机构

青海省西宁市天厨烹饪学校

青海省西宁市天厨烹饪学校成立于1999年，经西宁市人力资源和社会保障局审核批准是专业培训餐饮行业技术人才的大型烹饪学校。现有教职工36名。学校成立19年以来，已向社会培养了80 000余名烹饪高技能人才。本校以一流的教学质量，严格的管理方式，毕业全部安置就业的优势得到了各级政府部门的高度评价和社会上的一致好评。2006年被青海省政府评为“全省农牧民培训先进基地”，被青海省教育厅、省人力资源和社会保障厅、青海省财政厅、省民政厅等8部门联合评为“职业教育先进单位”，2013年被中国烹饪协会评为青海省唯一优秀会员单位。同年，被中国社会组织评估委员会评为AAA级社会组织单位。2005年时任青海省省长宋秀岩同志莅临视察培训工作时，对多年的烹饪教育培训工作和为大通县“阳光工程”“雨露计划”所作出的突出贡献作出了高度的肯定和赞扬。

校党支部现有党员12名，预备役党员2名，入党积极分子5名，2014—2016年被上级有关部门和社会组织党工委分别评为“先进党支部”“双提升双强化”“西宁市先进基层党组织”“优秀党支部”“西宁市党建品牌示范点”等多种荣誉称号。

2017年，青海省西宁市天厨烹饪学校被教育部全国餐饮职业教育教学指导委员会、中国烹饪协会联合评为“全国餐饮职业教育优秀院校”该校校长马占龙同志被评为“全国餐饮职业教育优秀教师”。2014—2017年被国家民政部认定中央财政支持社会组织参与社会服务项目餐饮行业技术人才培训定点示范单位，被誉为中国拉面人才的摇篮。

学校坐落于大通县桥头镇贺家寨，占地面积6 000平方米，内设招生办公室、报名接待室、就业安置办、会议室、党员活动室、学员食堂、学员活动操场、各专业多媒体教室、基本功训练大厅、和实习操作间。是青海省唯一的一所花园式的大型厨师培训学校。

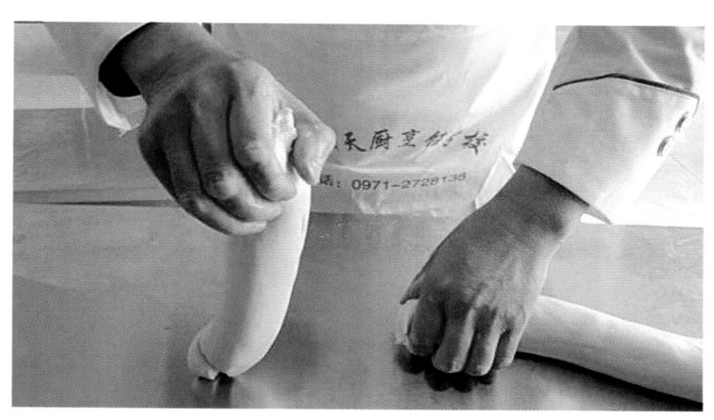

一、师资情况

天厨烹饪学校在原有15名专职教师的基础上，2016年又从本行业中聘请了20位具有餐饮业国家级评委、国家高级烹调大师、高级面点师及高级餐饮服务师资格的专兼职教师，是把本行业中有娴熟的理论知识和精湛的专业操作技能，为天厨烹饪学校今后的职业技能培训提供了雄厚的师资队伍。

二、培训与就业情况

自1999年起天厨烹饪学校以严格的管理方式和一流的教学质量培训下岗、失业人员9 550人、在职人员7 250人，社区低保户2 900人、阳光工程农村劳动力转移培训12 530人、雨露计划农民工培训10 070人、进城务工人员培训17 820人、农民工返乡青年培训10 130人、残疾人570人、社会人员（正常招生）培训8 780人，免费培训农村特困户（费用全免）2 100人。共计培训81 700人次。

经劳动部门考试合格率达100%，国家职业技能鉴定部门鉴定合格率达95%，持证率达90%、就业率达95%以上，部分毕业生已是餐饮中的佼佼者，部分毕业生在内地自主创业生意十分火爆，并带动了全村的人发家致富奔小康。

三、所取得的优异成绩

辉煌的成就来自于各级政府与主管部门的严格要求和正确指导以及校全体员工的努力奋斗。青海省省长宋秀岩、副省长穆东升、省委、省政府、省教育厅、省劳动保障厅、省农牧厅、省财政厅等各级部门的重要领导多次调研天厨烹饪学校，给予了良好的评价并对今后的发展方向做了充分的肯定。青海省教育厅、省劳动保障厅、省财政厅等八部门联合评为天厨烹饪学校“全省职业教育先进单位”、省委、省政府评为“全省农牧民培训先进基地”、民政部门评为“优秀民间组织单位”和“优秀社会组织单位”。青海日报、西宁晚报、青海电视台、青海人民广播电台、中国食品报、青海餐饮、西宁宣传、大通电视台等新闻媒体相继报道了天厨烹饪学校的办学业绩。2015 年 10 月，青海省西宁市天厨烹饪学校参加了由中国饭店协会、省政府办公厅、省商业联合会联合举办的中国（青海）第二届羔羊美食烹饪大赛勇夺 4 金 3 银 3 铜，被评为全省之冠。

四、办学规模

（1）具有独立的法人资格和职业技能培训的资质，并且有健全的组织机构。

（2）严格的管理制度和科学规范的组织教学培训形式和培训方法。

（3）科学化、标准化、规范化的培训场地，教学设施设备齐全，实际训练场地便利。

（4）师资力量阵容强大，人员配备齐全。

（5）具有相对稳定的转移就业渠道，有较大规模的职业介绍能力。

五、天厨烹饪学校实施订单、定点、定向培训思路

（1）劳动力培训信息和就业市场是农村劳动力转移速度流向的关键。因此，为搞好定单、定点、定岗培训，首先建立了市场信息库定期向农民提供快捷、准确高效的培训就业信息通道。

（2）根据市场的需求而灵活设置培训专业，依据社会劳务市场对劳动者素质结构的要求，适时开辟结合市场需要的新专业，新项目进行培训，开辟能自主创业为社会增加就业机会和岗位的专业。形成“一人参加培训、全家脱贫致富”的目标。实现从教育到就业的良好循环。

（3）结合农民恋家的情况，采取围点大圆逐步拓展的原则落实订单，为了参加受训学员创造就业的机会，再经过宣传培训，转变农民的择业观念，逐步开拓省外劳务市场。

六、服务保障体系

在职业培训与农村劳动力转移培训，学校建立了一系列的培训服务与保障体系。

1. 加强组织　扩大宣传

学校领导高度重视培训工作，每年深入农村走乡串户，在调查了解自愿外出务工者及贫困乡村务工人员情况的同时，大力进行职业技能培训宣传教育，并利用广播电视和印刷品以及“六月六“等物资交流大会和各乡镇农民运动会集会的机会，广泛宣传天厨烹饪学校的办学规模、办学条件、办学内容，使职业技能培训精神深入人心，使省内外及周边地区邻县的人员也到天厨烹饪学校参加技能培训。

2. 加大投入力度　建设品牌专业

天厨烹饪学校将中式烹调、中式面点、兰州牛肉拉面、餐饮、宾馆服务等专业确定为骨干专业，在专业建设上努力做到资金到位、培训到位、效果到位，培训报名当天，学校免费发放工作服、工具包及学习用具。2016 年学校再度投资 180 万元购置了新型的教学设施，为今后的职业技能培训提供了可靠的实施设备保障。

学校地址：青海省大通县桥头镇黎明路 235 号（县内乘坐 3 路公交车即到）

3. 紧贴市场需求　加强就业指导

为减少农民工外出务工的盲目性和无序性，学校坚持以市场为导向，以岗位合格为要求，以提高转移能力为目标，坚持培训与技能鉴定相结合，培训与就业相结合按照不同的区域；不同行业的要求区分不同的培训对象，按需培训、因材施教、力争培训一人、转移就业一人，努力提高培训的针对性和时效性。加强对农民工的就业指导，组织学习《打工须知》《务工指南》《就业指导》以及相关的法律法规，从而提高了农民工维权意识和保护措施。在与用工单位签订劳动合同时，对农民工的工资待遇、医疗及三金问题有了明确的规定。

4. 健全学员档案，搞好跟踪服务

为保证就业质量，实现稳定就业，学校对所有农民工建起了详细档案，学校就业安置办公室负责人经常和家长、用工单位领导和学生本人联系，不断收集反馈信息，调整教学内容，改进教学方法，一旦学生自身出现问题，学校积极进行协调，切实做好毕业生的跟踪服务工作。

今后学校将本着“育一方人才，富一方百姓”的办学宗旨，开拓进取，努力奋斗，为全省餐饮经济的发展做出更大的贡献。

青海拉面培训服务中心

青海拉面培训服务中心，位于“中国拉面之乡”化隆的群科新区，成立于2013年，占地面积6 000多平方米。下辖化隆拉面电商中心、青海拉面服务中心等，为扩大宣传力度和服务范围，青海拉面服务中心设在西宁市。服务中心现有员工70名，大专及以上学历40人，占比57%，有3年以上工作经验者52人，占比74%，公司团队实战经验丰富，人才资源储备充足。

服务中心主要包括扶贫拉面电商功能区、扶贫拉面服务中心综合展厅(对拉面文化，厨具餐具、食材原料、模块化餐饮展示，劳务输出等做出全方位立体展示)、融合多功能厅、附属接待室、服务室、多媒体教室、实训室、档案馆、库房。培训教室包括多媒体、拉面、炒菜、面点、特色小吃等多个培训教室。生活区域包含公共部分、宿舍部分、活动区部分。

服务中心主要开设课程包括：小吃、烹饪、茶艺、拉面工、服务员、计算机操作、创业培训、西式面点以及经营者创业培训等。

秉承“为每一位拉面人服务”的宗旨，青海拉面培训服务中心在技术培训、信息服务、行业服务、清真食材配送等方面取得了一定成就。

一、培训内容丰富，方式新颖

截至2017年12月，青海拉面培训服务中心共组织技能培训60余次，包括拉面、烹饪技术，计算机、创业技能等。为加强培训力度，服务中心打造运营拉面演播厅、中国拉面网商学院，定期录制培训课程，利用互联网优势，对拉面从业者进行技能、经营管理等培训，为拉面产业的转型升级提供知识保障。

2016年，青海拉面培训服务中心承接化隆县“带薪在岗实训＋创业”项目，成功培训出1020名贫困对象，并帮助其实现就业。

二、提供权威、全面的行业、劳务信息

主要提供拉面行业资讯、政府政策，免费发布劳务、饭店转让信息等。截至目前，青海拉面培训服务中心已提供各类服务信息数万余条，其中求职招聘信息18 000条，饭店转让10 017条，行业资讯1 767条，政府信息200余条。

三、为拉面从业者提供优质行业服务

免费提供接送上下火车、飞机，代买保险、收发传真、照相以及产品咨询等服务。服务中心还为拉面人提供出国、金融、品牌等服务，先后组织拉面人赴马来西亚、德国等考察市场。截至目前，青海拉面培训服务中心已接待拉面人 2 万余次，提供免费咨询 1.5 万余次。

四、物流配送服务

物流配送服务现已贯通线上线下，主要为拉面店提供餐具厨具、食材原料、青藏高原土特产等。2017 年，中国拉面网线上接单量达 3 万余单，服务拉面人达 20 余万人。线下食材配送中心已在上海、重庆、武汉等全国 20 余个城市建成运营。

青海拉面培训服务中心，为全省的城乡劳动力提供系统、全面的优质技能培训服务和人才、拉面行业服务支持，有效提高青海拉面经济转型速度。通过青海拉面培训服务中心，全省更多的城乡劳动者能快速便捷地享受到就业服务，进一步拓宽劳动力转移输出渠道，更好地实现创业就业和务工增收，加快了贫困群众脱贫致富的步伐。

青海拉面店的管理

青海拉面从业人员职业规范

随着青海经济的发展，青海人对面食的口味追求和高质量的服务态度，以及对青海拉面从业人员的职业规范和职业道德的要求越来越高。根据多年的市场调研青海拉面从业人员应具备本行业职业道德与服务规范。

一、敬业精神

作为拉面从业人员要热爱拉面行业，因为它是决定工作质量优势的首要因素，因为热爱，所以要将自己的身心融化在拉面事业当中，培养自己高尚的情操和优良品质，充分发挥自己聪明才智，以主人翁的态度对待自己的拉面工作。

二、服务精神

作为拉面从业人员要有良好的服务态度，礼貌、微笑待人。在为各种不同类型的客人服务时，应有耐心，不急躁、不厌烦态度和蔼。对于他们提出的问题要耐心解答，并能虚心听取客人的意见和建议，对事情不推诿。

三、习惯精神

作为拉面从业人员要讲究个人卫生和食品卫生，个人卫生要做到勤洗手，勤剪指甲，勤洗澡，勤理发，勤换工装。俗话说：病从口入，因此食品加工过程一定要闭塞卫生制度，不加工变质原料，保证菜肴质量。

四、工作精神

作为拉面从业人员要有良好的心里素质，有宾客至上的职业道德观，能正确对待客人的投诉，一切让宾客满意。注意节约，杜绝浪费，不私吃私拿集体的物品和食品。热爱集体，诚恳待人，心胸开阔，助人为乐，要树立本身自尊、自重、自强、的自豪感。搞好厨房的卫生，严格执行生产安全，了解消防知识。讲究礼貌，工作时间内不吸烟，有良好的卫生习惯，树立员工对仪表仪容的认识。站立姿势要端正，遇到主管部门或客人检查，参观厨房，表示欢迎，不可端坐无礼。工作时，不准与楼面工作人员随意嬉戏、闲聊、打闹。但时，要与楼面工作人员互相支持，帮助，在工作中要做到协调、配合、互相尊重、团结一致，完成本店的工作任务。

五、创卫精神

作为拉面从业人员，要做好饮具及设备卫生，随时清除灶台、灶壁卫生，灶台保持不锈钢本色，不得有油渍，保持清洁。锅具必须干净清洁，摆放整齐。炉灶瓷砖必须清洁、无油腻，炉灶排风烟机要定期清洗，不得有油污。各种调味罐、瓶必须做好清洁卫生并加上盖子。

六、创新精神

作为拉面从业人员要提高拉面技术，懂得创新，在实践中不断提高自己的专业理论和技术水平。经常参加政府、行业协会组织的各项活动，向他人学习取长补短。

基本要求

1. 职业道德基本守则

（1）忠于职守，爱岗敬业。

（2）讲究质量，注重信誉。

（3）尊师爱徒，团结协作。

（4）积极进取，开拓创新。

（5）遵纪守法，讲究公德。

2. 饮食卫生基础知识

（1）食品污染。

（2）食物中毒。

（3）各种原料的卫生。

（4）烹饪工艺卫生。

（5）饮食卫生要求。

（6）食品卫生法规及卫生管理制度。

3. 饮食成本核算知识

（1）饮食业的成本概念。

（2）出材率的基本知识。

（3）净料成本的计算。

（4）成品成本的计算。

4. 厨房安全生产知识

（1）厨房安全操作知识。

（2）安全用电知识。

（3）防火防爆安全知识。

（4）手动工具与机械设备的安全知识。

个人着装

1. 总体要求

干净、整齐，工作服穿戴整洁、不露发迹，系好风纪扣、男不留胡须，女不染指甲。

2. 基本着装（图 1-1 至图 1-6）

帽子戴端正　　胡须刮干净

纽扣齐全　　领带整洁

名牌端正，口袋里无杂物

工服整洁　　厨师鞋干净

图 1-1　男厨师正确着装（正面）

帽子戴得不端正、不干净

头发太长

没刮胡须

领带不端或没戴

没佩戴名牌

纽扣不齐全

工服脏

厨师鞋不干净

图 1-2　男厨师错误着装（正面）

图 1-3　男厨师错误着装（背面）

女厨师的头发要梳好

帽子戴端正、干净

纽扣齐全

领带整洁

佩戴名牌

每天更换干净整洁的工服和围裙

厨师鞋干净

图 1-4　女厨师正确着装（正面）

图 1-5　女厨师正确着装（背面）

帽子不干净

头发太长

没佩戴领带

名牌佩戴位置不明显

口袋里杂物太多

围裙、工服脏

厨师鞋未穿好或不干净

图 1-6　女厨师错误着装（正面）

常用的设备与工具

1. 和面机

传统的牛肉面制作方法是拉面师双手和面，经过鉴别的面粉，运用和面的手法制成的面团，随着牛肉面的逐渐发展，和面已由人工操作发展至用和面机和面，从而提高了工作效率。和面机又称搅粉机，主要用于各种粉料加工。和面机利用机械运动将面粉和水或其他配料和成面坯。和面机有铁斗式、滚筒式、缸盆式等。它的工作效率比手工操作高 5~10 倍，和面机主要用于大量面坯的调制，是面点工艺中最常用的机具。

使用方法是：先将粉料和其他辅料倒入面桶内，打开电源开关，启动搅拌器，在搅拌器搅拌粉料的同时，加入适量的水，待面坯调制均匀后，关闭开关，将面取出。

2. 案台

案台是面点制作工艺中必备的设备，它的使用和保养直接关系到拉面制作工艺能否顺利进行，案台一般分为木案、不锈钢案和雪花铁皮案三种。

木案　木质案台的台面大多用厚 7 厘米以上的木板制成，底架一般有铁制和木制等几种，台面的材料以枣木最好，其次为柳木的，案台要求结实、牢固、平稳、表面平整、光滑、无缝。在拉面制作过程中，绝大部分拉面操作是在木质案台上进行的，在使用时要注意，尽量避免案面与坚硬工具碰撞，切忌面案当钻板使用，忌在案台上刀切，剁原料。

不锈钢案　不锈钢案台整体一般都是用不锈钢材料制成。表面不锈钢板材的厚度一般为 0.8~1.2 毫米。台面要求平整、光滑，无凹凸。

铁皮案台　铁皮案台是常见的一种面点操作案台，它的四柱是用钢管制作在上面放上一块厚木板，木板上面再包上一块雪花铁皮是目前拉面操作最多的一种。

3. 炉灶和锅

炉灶　一般常见的是饮食业，用于制作熟食的灶。其结构特点是炉口、炉膛和炉底通风口都很大，故火力也大，灶台上装有较粗的烟囱，以便通风和发散烟灰，多用煤作燃料。

锅类　按用途分类，大致可分为铁锅、铝锅。一般使用铁锅，铁锅分为生铁锅和熟锅铁，常用大号锅和 2 号锅，大号锅也称水锅（饮食业称面锅）是专门下拉面的锅，2 号锅又称肉锅，专门煮肉和吊汤。

4. 面案上清洁工具

面刮板　又称刮刀，用铜片、铝片、铁片或塑料片制成，薄片上有手板，主要用于刮粉、和面、分割面等。

粉帚　以高粱苗或棕等为原料制成，主要用于案台上粉料的清扫。

灰盆　在拉面操作中常用于融化

面案上清洁工具的保养　面刮板用后刷洗干净，放在干燥处，防止生锈，粉帚、小簸箕用后要将面粉抖净，存放在固定处。

蓬灰的工具。

小簸箕　以锅、铁皮或瓷等制成，扫粉时盛粉用，有时也用于从缸中取出面粉。

青海拉面店专用厨具、餐具

铝汤锅

品字形牛肉拉面专用炉

高效节能煮面炉

工作台

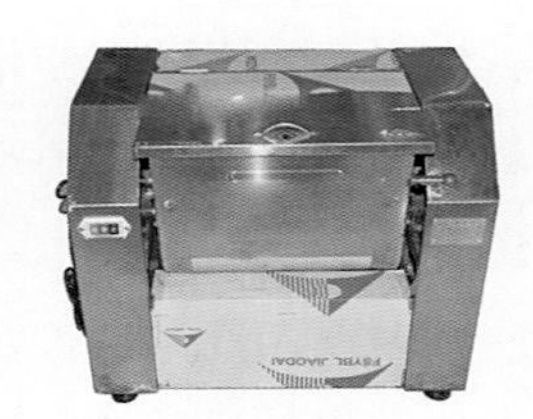
和面机

多功能一体移动式拉面机

牛肉面碗

操作间卫生

1. 基本环境卫生要求

(1)操作间干净明亮，空气畅通，无异味。

(2)全部物品摆放整齐。

(3)机械设备、工作台、工具、容器做到木见本色，铁见光，保证没有污物。

(4)地面保证每班次清洁一次，灶具每日打扫一次。

(5)展布、带手布要保证每班次严格清洗一次，并晾干。

(6)冰箱内外要保持清洁、无异味、物品摆放有条理、有次序。

(7)严禁在操作时吸烟，操作间内不得存放私人物品。

2. 工作台的清洗方法

(1)先将案台上的面粉用扫帚清扫干净，并将面粉过罗，倒回面桶。

(2)用刮刀将案台面污、粘着物刮下、扫净。

(3)用带手布或板刷、带水将案台上粘物清洗干净，同时将污水、污物抹入水盆中。注意：绝不使污水流到地面上。

(4)最后用干净的带手布将案台擦拭干净。

3. 地面的清洁方法

(1)先将地面扫净，倒掉垃圾。

(2)将墩布沾湿后，拧去墩布表面的水分，按次序有规律地擦拭地面。

(3)擦拭地面时，要注意擦拭案台，机械设备、物品柜的下面部分，不留死角。

(4)擦拭地面应采用“倒退法”，以免踩脏刚刚擦拭的地面。

4. 带手布的清洁方法

(1)先用洗涤剂洗净带手布。

(2)将带手布放入开水中煮10分钟(如油污较多，可在水中放适当碱面)。

(3)再将带手布放入清水中清洗干净。

(4)将洗干净的带手布拧干水分，晾晒于通风处。

5. 面点操作间的卫生制度

操作间的卫生制度是制约每一位员工的基本制度，全国各地根据本地区的具体情况，均有自己不同的操作间卫生制度，青海省天厨烹饪学校拉面班教学计划中的一小节卫生制度培训内容，供参考。

(1)拉面从业人员必须持有健康证、卫生培训合格证。

(2)拉面从业人员必须严格执行《食品卫生法》中有关规定，把好卫生关。

(3)拉面从业人员必须讲究个人卫生，达到着装标准，工服清洁，不允许着工作服去与生产经营无关的岗位。

（4）原料使用必须符合有效期内的规定，散装原料要符合国家卫生标准和质量要求，不准使用霉变和不清洁的原料。

（5）面点间食品存放做到生熟分开，成品与半成品分开，并保持容器的清洁卫生。

（6）随时注意案台、地面及室内各种设备用具的清洁卫生，保持良好的工作环境。

（7）每天按卫生分工区域做好班后清洁工作，操作工具、容器、机械必须做到干净、整洁。接触成品的用具、容器及展布、带手布等要清洗干净。

青海拉面店管理规范七字歌

上班做事第一桩，检查当日备货箱。
规定时间去出库，物品数量要记详。
先入先出有规定，领来调料加料缸。
送来货物先检验，严格把好质量关。
案板冰箱常清洗，生熟分开要牢记。
卫生标准要坚持，食物中毒要防止。
餐前准备最重要，主厨负责监督好。
牛肉提前要煮好，香菜蒜苗准备好。
连切带煮是萝卜，红油提前预制好。
根据需要搬餐具，荷台整洁别潦草。
下面捞面调配好，拉面装碗有次序。
油气燃料提前备，出面速度保证好。
分单走面有学问，先后顺序调配好。
茶蛋小菜酱牛肉，特殊要求要看好。
倒茶端面服务好，前厅后厨配合好。
拉面干拌韭叶子，味道服务不变样。
防蝇放物防头发，勤洗澡来勤理发。
餐后收尾要彻底，水电燃气检查好。
虚心求教学手艺，厨德要比厨艺好。
师傅楷模树立起，辱骂学徒万不要。
苦点累点无怨言，和谐气氛最重要。
学习进取求创新，激情活力保持好。
遵纪守法讲诚信，弘扬拉面大文化。
尊师重友团结牢，红红火火生意好。

——马占龙

青海拉面店设置标准

青海拉面作为面食的一种，深受消费者的喜爱。开拉面馆是目前不错的致富项目。面对当下较大的竞争力，要想获得一席之地，拉面馆必须拥有自己的特色，无论从口味上还是从店面的装修方面，都必须具有鲜明的特色。

一、需要费用

（1）开铺费用(顶手费、两按一租)：100 000 元。店铺面积：50 平方米。工人 6 个(包吃住)：3 000 元 / 月。每月铺租 + 水电：5 000 元。每月营业额：20 000 元左右

（2）店面装修费用：面馆属于快餐范畴，装修力求简洁卫生，主要是厨房要求全部墙地砖要做好，厨房地砖一定要用防滑地砖，营业前厅只需把地砖做好，墙砖或者墙纸贴到 1.5 米左右就可以了，一般简装预算 3 万 ~4 万元即可。

（3）证照办理：面馆的证照一般需要：卫生许可证、个体工商证、税务登记证，个别地方可能需要消防证，一般按照正常程序 500 元左右就可全部办好。

（4）铺货费：开店前需要购置的调料、食材，用具等，一般预算 2 万元左右。

（5）后备资金：这笔费用非常必要，因为开一个面馆的经营前期生意有很大的不确定性，建议后备资金预算在至少够维持店面周转 3 个月以上。

二、后厨设备

（1）双层揉面灶台

（2）青海拉面专用抽油烟机

（3）青海拉面专业和面机

（4）青海拉面煮面炉

（5）小型炒灶

（6）专用汤桶

（7）熬汤灶

（8）四门冰柜

（9）消毒碗柜

（10）调料台

（11）专用调料碗

（12）洗碗池

（13）墩子刀具

（14）锅及各种厨具调味缸、不锈钢盆

（15）前厅桌椅

（16）筷子、酱油壶、油辣椒罐、纸巾盒

（17）消毒碗

青海拉面店的选址

选址对于投资经营拉面店的人来说相当重要，它是一个冒险性的投资，一旦面馆建成，如发现地址选择错误，则为时已晚，难以补救。因为选择的地址既然不利于经营，那么出售无人问津；将房子移动是不可能的，将设备搬迁而异地重建，则投资巨大；如果继续维持下去，投资大、成本高、职工队伍不稳，组织将永远处于不利地位，一旦发生市场冲击，很可能就要倒闭。因此，可以说，选址不当，将“铸成大错”，也就决定了投资失败的命运。

区域规划 区域规划往往会涉及到建筑的拆迁和重建，如果未经分析，餐厅就盲目上马，在成本收回之前就遇到了拆迁，这家拉面店无疑会蒙受损失，或者失去了原有的地理优势，所以在确定面店位置之前，一定要向有关部门进行咨询。

地区经济 注意收集和评估周围商业快速增长地区的数据，这些主要靠掌握不同类型的各地区的商业发展的方向来完成。例如，周围有繁华的街区，有大型的广场，超市、医院、小区等人员密集的地方往往是投资拉面店选址的最佳选择。

竞争 对于竞争的评估分为竞争方式和竞争密度两种。竞争方式又分为直接竞争和间接竞争两个不同的部分：直接竞争指由提供同种类型的面食品种和服务的拉面店引起的竞争，这类竞争会直接导致价格降低或成本增加，从而影响拉面店的利润，所以通常被认为是有负面影响的消极因素；间接竞争包括由提供不同面食品种或不同服务的拉面店或相关行业——如销售平价商品食物的超市和销售便利包装即食食品的小摊——引起的竞争，这类竞争由于菜品或服务是替代性的，更能凸显拉面店的特色，所以通常被认为是积极因素，如周围的餐厅都是正餐点菜式，快餐或自助餐就会引人注目，竞争密度是指同行业(即餐厅)和相关行业营业点的个数以及本区域内拉面店的总座位数，即生意是否扎堆。这体现了本区域内餐饮业的供求关系，是供大于求还是供不应求，是对竞争激烈程度的一种直接反映。通常是竞争越激烈利润越低。但这些分析只是参考性的，在某种情况下也不是绝对的。

地貌 表层土壤和下层土壤的情况，坡度和表层排水箝性，这都是一个地点建筑物的重要特征和组成部分。土壤钻孔可以判定土壤能够承受的容量和安排可行的地下排水区域。

规模和外观 拉面店的潜在容量大到可以容纳足够的空间、停车场和其他的必要设施。拉面店位置的地面形状以长方形、正方形为好。三角形或多边形除非它非常大，否则是不足取的，因为长方形和正方形的土地利用率较高。在对地点的规模和外观进行评估时也要考虑到未来消费的可能。

房屋租赁费 拥有许多令人满意的特征的潜在位置可能会因为费用过多而被去除。租

赁费在总的费用中是逐渐上涨的。这是在可行性分析的财政部分中被评估的重要因素。

能源供应 能源主要是指水、电、天然气等经营必需具备的基本条件。基本的标准是“三通一平”。如果这一最基本的条件尚未达到，那么，这一位置是不能选的。在这些因素中，水的质量尤为重要。因为，水质的好坏直接关系到拉面质量的效果。

街道形式 这个因素主要考虑的是街道和交通的形式是会吸引人们到这个地区来，还是他们因旅游而使人口发生移动。

旅游资源 这一因素主要影响着过往行人的多少、旅客的种类等。因此对旅游资源一定要仔细分析综合其特点，选择适当的位置和餐厅的种类。

地点特性 地点特性显示出与活动相关的位置。要考虑与购物中心、商业区、娱乐区的距离和方向。这些地区往往在距离餐厅几千米外，还能对餐厅的推销产生影响。

交通状况 交通状况是指车辆的通行状况和行人的多少。交通状况往往意味着客源。当然客源绝不等同于交通的频繁程度。因为有的地区尽管交通频繁，但是旅客都没有购买的机会或欲望。国外在选择餐厅位置时，通常要获得本地区车辆流动的数据以及行人的分析资料，以保证餐厅建成后，有充足的客源。关于目标地点的街道交通信息可以从公路系统和当地政府机关获得。如果交通的数据最近还没有被统计出来，那么可以选取一天中有意义的样本数据作为参考。交通状况的计算往往在中午、周末的晚上和星期天。在一段时间内统计的数据应去除那些带有偏差的结果。晚餐时间的统计可能会由于靠使用长期车票的人的交通产生很大的影响。并且这些数据也可以用来评估外宾食品服务的地点。他们可能不会对其他类型的食品服务设施的经营有什么影响。

餐厅可见度 餐厅可见度是指餐厅位置的明显程度。也就是说，无论顾客从哪个角度看，都可以获得对餐厅的感知。餐厅可见度是由从各地驾车或徒步旅行来进行评估。这对于坐落在交通拥挤的高速公路旁的店尤为重要。餐厅的可见度往往会影响餐厅的吸引力。

服务 指店铺周围环境状况。例如有的饮食店开在公共厕所旁或附近，不远处便是垃圾堆、臭水沟或店门外灰尘飞舞，这便是恶劣的开店环境。市政设施包括经营所必需具备的能源供应，如水、电、燃气(天然气、煤气等)，下水设施、周边道路和建筑的建设与绿化、垃圾处理设施、通讯设施、消防设施等。市政服务包括与上述设施有关的服务和环卫、环保、治安等情况。这将决定餐厅周围是否具有良好的社区环境。有的店铺虽然开在城区干道旁，但因为周围的设施却使生意大受影响。

环境的好坏有两种含义。一种含义是另一种含义指店铺所处位置繁华程度。一般来讲，店铺若处在车站附近、商业区域人口密度高的地区或同行集中的一条街上，这类开店环境应该具有比较大的优势。另外，三叉路口、拐角的位置较好，坡路上、偏僻角落、楼屋高的地方位置欠佳。

选址是一项很重要的工作，必须做到仔细考察、认真分析，慎重做出结论，否则会造成不可弥补的损失。

青海拉面店店员服务规范流程

1. 迎客

餐厅要求每位服务人员都必须在正确时机以正确的用语招呼顾客，精神抖擞、面带微笑的向顾客打招呼问好："早上好！""中午好""下午好""晚上好""欢迎光临！里面请！"等礼貌用语。

2. 上茶水

待客人入座后，服务员用托盘将茶水运送至客人桌前，在客人右手边为客人上欢迎茶："您好，请用茶！"。

3. 点单

手持点单本站在客人右手边，礼貌地告诉客人桌上有菜单，让客人过目选择。不能催促客人点单，适时为客人介绍菜品，准确记录客人所点的菜品，点完单后向客人重复他所点的菜品，询问客人是否有什么忌口的。"请问您有什么忌口的？"并将相关内容记录在点菜单上将点菜单的客人一联留在客人桌上离开前请祝福客人："祝您用餐愉快！"

4. 送单

第一时间将点菜单中的厨房一联送入厨房，菜单上如有特殊的要求需和厨师交接，将点菜单中的工作一联放在收银台上，以便查单。

5. 站位

服务员在完成以上操作后，站到自己的区域内，等候下一位客人，随时解答正在用餐客人的服务问题和要求。

6. 上菜

厨师将菜品准备好后，服务员第一时间将菜品传至客人桌前，在客人右手边为客人上菜"打扰一下，帮您上一下菜"用清晰的声音报菜名"这是您点的*****"离开时请客人慢用"您请慢用！"

7. 买单

客人招呼买单时要马上答应客人："好的，马上来！"根据客人桌号到收银台查看客人的点单和价格告知客人应收的数目："您好！一共是***元"；双手接过客人的付款并感谢客人："谢谢您"，如果需要找零，"收您***元！请稍等！"；到收银台为客人找零，将零钱双手递给客人："找您****元！"

8. 送客

发现客人要离开时需礼貌提醒客人"请随身携带好自己的物品"送客人至门口处"谢谢光临！请慢走！"

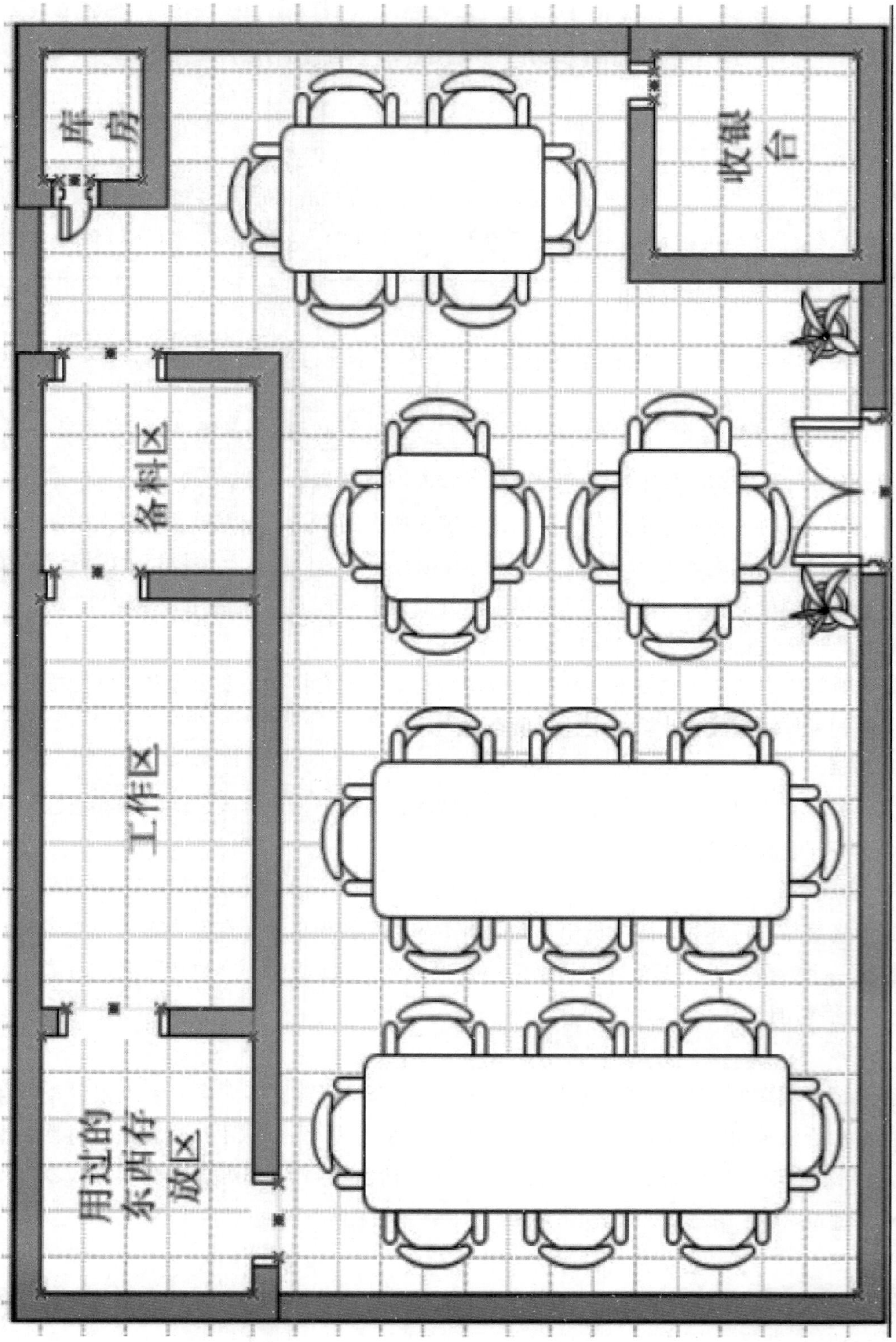

库房

收银台

备料区

工作区

用过的东西存放区

青海拉面店的空间布置图

9. 清理恢复桌面

将餐具用托盘送至洗碗间清洗，用抹布将桌面清理干净及时补充桌面客用品（胡椒粉、食盐、醋、餐巾纸等）。

10. 站位

以上操作完成之后，回到自己的站位，等待迎接下一位客人。

青海拉面店服务方式程序

一、面馆生产管理的设计

（一）面馆的组织结构见下面。

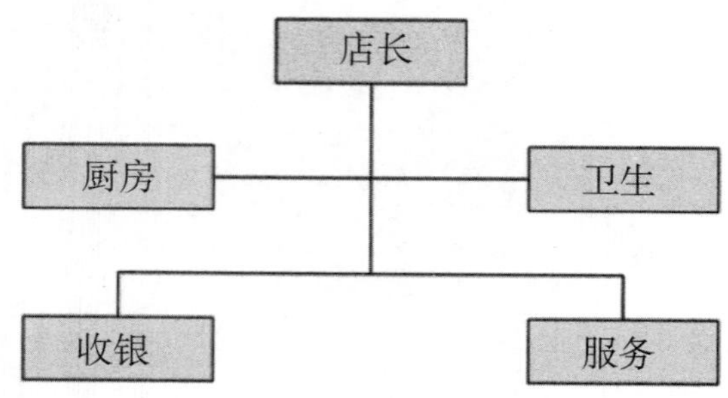

青海拉面店组织结构图

（二）岗位设计

1. 店长

职责：①主管本店的所有采购工作；②协调各个岗位的工作，具体协调员工之间的矛盾和岗位空缺，人员招聘等；③财务管理以及本店的外事业务；④本店的安全检查工作；⑤员工考核。

权限：不涉及烹饪工作。

岗位标准：高中以上学历，男性，年龄 27~35 岁，居住以本地。有 2 年以上餐饮工作经验，性格稳重，身体健康。对餐饮服务流程比较熟悉，具有一定的领导能力。

业务流程：①本店物质短缺时带领厨师进行采购工作；②工作混乱时协调各个岗位工作；③每天工作结束时收取一天的营业额并登记入账；④发现员工违反管理制度时根据具体情况扣分并记录；⑤每天工作结束后做好安全检查工作。

2. 厨师

职责：①烹饪及制作；②配合店长完成采购工作；③餐具、原材料等的日常管理存储维护工作；④制订采购计划；⑤厨房的安全检查工作。

权限：不具有独立的采购权。

岗位标准：学历不限，男性，年龄 25~40 岁，居住以本地。有 2 年以上厨师工作经验，吃苦耐劳、细心、身体健康。具有较强的烹饪技术，对面是烹饪在行者优先。

业务流程：①卫生员洗涤整理完食物，接过食物初步加工整理后放置；②接过服务生的菜单，根据菜单进行快速烹饪后把熟食投递给服务生；③物质短缺时制定物质采购计划报告店长，随同店长进行物质采购；④下班后认真检查厨房用具状态。

3. 卫生员

职责：①主要负责本店的洗涤整理消毒工作；②配合厨师和服务生完成洗涤整理消毒工作。

权限：不得启用洗涤过的物件。

岗位标准：学历不限，女性，年龄 20~40 岁，吃苦耐劳，身体健康。能够在本店长时间工作。

业务流程：①见到顾客点餐，立即走到收银台等待；②点餐完毕后从收银员手中接过点餐单，指引顾客就坐；③待顾客就坐完毕，把点餐单送给厨师等待；④从厨师手中接过食品送至顾客餐桌上；⑤待顾客用餐结束，收餐具摸餐桌，把餐具递送给卫生员；⑥快下班时做好餐饮区卫生工作。

4. 收银员

职责：收银；点餐；收账及账目整理总结工作；考勤。

权限：每天的账必须当天交给店长，不允许挪用。

岗位标准：高中以上学历，女性，年龄 22~33 岁，有 1 年以上收银工作经验。细心负责，形象良好，性格开朗。有熟练收银技术，能够独立辨别人民币的真伪。

业务流程：① 到上班时间，检查登记人员出勤情况；②顾客进店时，准备好菜单；③ 到时把菜单拿给顾客等待打餐单；④顾客点餐后，打餐单登记告知顾客费用；⑤顾客付费，做好财务处理，把餐单递送服务生；⑥下班之前做好财务总结工作交接给店长登记入账。

5. 服务生

职责：①引导顾客；②传递菜单、食品及餐具；③用餐区卫生。

权限：不得涉及收银业务。

岗位标准：学历不限，女性，年龄 22~33 岁，有一年以上服务工作经验。形象良好，吃苦耐劳，性格开朗。沟通能力强，具有较好的亲和力。

业务流程：①工作开始时做好各种洗涤整理准备工作；②接到厨师洗涤任务后高效完成洗涤并交接给厨师；③服务生送来洗涤物件时，立刻接过物件洗涤整理消毒，准备下一次洗涤任务的到来；④下班之前处理好垃圾，做好最后的卫生工作。

二、制度保障

制定制度，目的是为了提高本店工作人员态度和积极性，使面馆工作有序进行，更好地为顾客服务，依据全体员工统一决定，对厨师、卫生员、服务生、收银员（注：本店店长为老板，所以店长不涉及管理制度保障中）作如下规定：

1. 考勤管理制度

上班时间早 9 点，下班时间 21 点。全体工作人员的考勤由收银员负责，由于面馆地理位置的特殊性，午休时间 2 小时，具体时间根据具体情况由店长而定，但是必须保障 2

小时的休息时间。

评估制度：超过早上 9 点未到者计入迟到，晚 9 点之前离开者计入早退；迟到早退超过一小时及一天未参加工作者计入矿工；事假以店长批准为依据；病假必须由医生证明。

惩：迟到早退每次扣 50 元；矿工每次扣 100 元；事假按缺勤比例实际扣除；未有医生证明的病假扣 100 元，有医生病假不扣工资。

奖：在年终奖罚金的全部发给考勤第一名。

2. 厨师管理制度

A. 个人卫生，工作衣帽保持整洁、工号牌位置正确；B. 绝对服从店长安排，不准有抵触情绪；C. 不准弄虚作假、搬弄是非、制造矛盾、拉帮结派，影响同事间的关系；D. 保障物件的安全，在工作过程中因为自身原因损坏物件照价赔偿；E. 端正工作态度，不带情绪上班，更不能因为情绪影响菜速菜质；F. 保持厨房卫生整洁，各自承担管理好分担区整洁；G. 本着节约的原则，各岗位做好剩余菜品、原料的存储。不准偷吃偷拿厨房食品原料，浪费水电；H. 保障菜品的质量、卫生，负责厨房的安全检查工作；I. 加强责任心，不准出现造成汤锅水烧干，原料储存不当造成厨房成本增大等情况；J. 制订好物品购买计划，及时向店长汇报，并且配合店长及各个部门的工作。

3. 卫生员管理制度

个人卫生，工作衣帽保持整洁、工号牌位置正确；绝对服从店长安排，不准有抵触情绪；不准弄虚作假或搬弄是非，制造矛盾，拉帮结派，影响同事之间的关系；保障物件的安全，在工作过程中因为自身原因损坏物件照价赔偿；保障洗涤整理消毒工作，不得出现物件洗涤不干净情况；快速、高效完成厨师和服务生递送来的物件洗涤工作，保障物件的洗涤整理消毒后能够及时供应；管理好自己的洗涤用具，不得擅自带回家；本着节约的原则，不得参与厨房的烹饪工作；顾客用餐时不得进入厨房区，不得参与厨房的烹饪工作；发扬吃苦耐劳的精神，工作期间不准偷懒而影响其他工作流程的进行。

4. 服务生管理制度

个人卫生，工作衣帽保持整洁、工号牌位置正确；绝对服从店长安排，不准有抵触情绪；不准弄续作结或搬弄是非，制造矛盾，拉帮结派，影响同事间的关系；保障物件的安全，在工作过程中因为自身原因损坏物件照价赔偿；上岗前不准食用异味食物，对顾客要礼貌，站立、行走、手势要符合形体要求；工作中要准确领悟顾客意图，服务到位，服从顾客的需求，不准出现跟顾客争吵的情况；协调好于收银员、厨师和卫生员的工作，禁止出现工作不通畅而影响顾客用餐的情况；服务中不准出现物品落地的情况，特别不准出现物品打落在顾客身上的情况；顾客用餐完毕后立刻收整打扫卫生，及时把餐具送给卫生员洗涤；工作期间不准玩手机，看杂志等影响本店形象的情况出现。

5. 收银员管理制度

个人卫生，工作衣帽保持整洁、工号牌位置正确；绝对服从店长安排，不准有抵触情绪；不准弄虚作假，制造矛盾，拉帮结派，影响同事间的关系；保障物件安全，在工作过程中因为自身原因损坏物件照价赔偿；认真领会顾客的意图正确打印餐单，认真把餐单交给服务生；认真处理好财务工作，不要出现收到假钱，少补或多补的情况；上岗前不准食用异味食物，对顾客要礼貌，站立手势要符合形体要求；工作期间不准做与工作无关的事情，例如，玩手机游戏、看杂志等影响本店形象的情况；保管、管理好财务，不准出现财务对账上的失误空白，更不要出现钱财大量丢失的情况；不得擅自挪用财务，当天的财务必须当天总结交给店长登记入账。

厨师管理制度、卫生员管理制度、服务生管理制度、收银员管理制度的扣分本着公平、公正、实事求是的原则统一由店长进行考核扣除，具体的评估尺度、奖惩如下：

评估尺度：面馆的考核尺度按“123”的形式进行，“1”表示违纪管理制度一般严重，此情况罚 1 分。“2”表示违纪管理制度比较严重，此情况罚 2 分，“3”表示违纪管理制度最为严重，这种情况罚 3 分。

惩：每月累计扣分达到 5 分为上 10 分以下为警告，达到 10 分罚款 10 元，10 分以上每分加罚 10 元，每月累计扣分达到 30 分以上辞退处理。

奖：每个季度累计扣分 10 分以下奖励 200 元，每年累计扣分 20 分以下奖励 500 元。

青海拉面店服务流程设计

一、拉面店服务流程（高峰期）

牛肉面以经营中高档精致牛肉面为主，主推产品是顶新特殊调制的精品牛肉面，包含10多种私房独有风味，并网罗了多种样式的小菜和冰品。

拉面店高峰期服务流程如下：

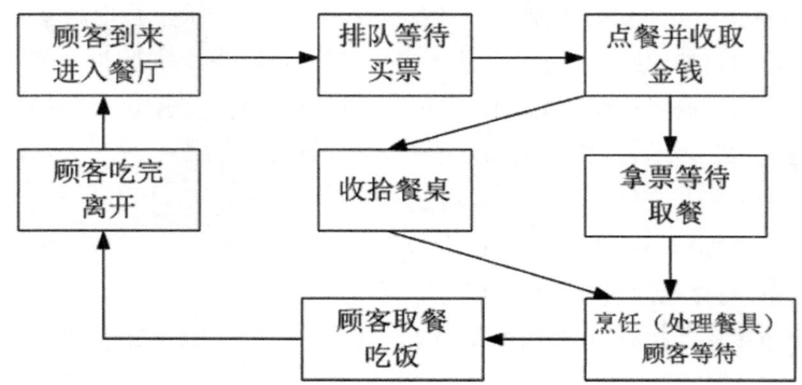

二、拉面店高峰期服务流程常见状况分析

从简单的一个顾客就餐的过程中，我们可以看到几乎每个变迁处都有所表示的时间限制。所以具体问题主要如下。

案例 1　顾客离开后未及时收拾餐桌，下一顾客入座后催促多次且10多分钟后才有人收拾，给顾客造成卫生不佳的感觉，影响顾客食欲和餐厅形象。

案例 2　入座后10多分钟才有人上来点餐后，并由点餐员收银并找钱。占用点餐员的时间，造成点餐员忙不过来，又因为收银浪费时间，收银员又太清闲。

案例 3　点餐后上菜等待时间偏长，等待20分钟。从拿号到上菜历时达53分钟。如上述时间可压缩至20分钟以内，可在高峰期多服务多一倍的人，收入也可因此增加约一倍。

案例 4　服务人员偏少，服务员分工不明确，点餐和上菜人员都要帮忙收拾桌子，点餐员（5）还负责收银，导致效率低下。

案例 5　服务质量：服务员态度生硬，不热情。

案例 6　卫生问题：收拾餐桌清洁不到位，一块桌布檫多张桌子，导致顾客产生不卫生的感觉，与高级特色面馆的定位相违背，餐具也不洁净，未经过严格消毒程序。

三、服务流程存在问题导致的结果

（1）因等待时间过长，许多顾客拿了号又到别的餐厅就餐，直接导致经济损失。

（2）卫生不佳和服务态度不好导致顾客感知较差，影响餐厅品牌，降低顾客忠诚度。

三、改善途径

1. 为提高高峰期服务能力，对现有服务流程程序提出改进建议

收银改为由顾客就餐完毕后自行到收银台结账。

就餐后的收桌工作应在顾客离开后马上进行，收桌完毕后迎宾员再叫号。提高收桌效率和清洁程度。

2. 对服务人员进行明确的分工

迎宾、点餐、收桌、上菜、收银等工作进行明确分工，各司其职，避免现场混乱。

3. 人员班次安排应考虑服务负荷，对负荷进行预测，根据预测合理安排人员

餐饮业的特点就是中午、晚上就餐时间是服务高峰期，在人员安排时要应考虑更多的服务人员。本案例中有文化艺术博览会召开的背景，且又恰逢周末，作为餐厅排班早应预测到会出现客户高峰。

4. 服务流程标准化

服务员的服务用语、服务时间、以及餐具清洁程度、餐桌清洁等都没有标准的流程，比如餐桌清洁程序未规范，导致清洁度不一致，建议可以借鉴麦当劳、肯德基等成熟快餐业务的清洁程序，改善客户感知。

四、营销计划

要想使青海拉面店做大做强，形成品牌化、规模化、必须靠政府政策的支持、媒体宣传、行业协会协调支持、企业自身努力等。具体如下。

1. 形象识别系统

青海拉面店门面装饰统一的标识，室内布置以突出青海人文地理和文化，重点宣传青海旅游和餐饮文化，以凸显青海拉面店的视觉识别系统和营销理念。包括桌椅、餐具、员工服装、菜单、平面宣传册等使用“青海拉面”统一标识。

2. 组织活动

通过不定期举行拉面比赛，免费为环保工人提供开水；每年的五一劳动节之际为环保工人免费赠上拉面一碗，吸引路过人群多做和多参加社会公益活动，推广面食文化，从而扩大影响力，让大众知道并了解本拉面店。

3. 平面广告

通过散发传单、赠送优惠券、建立公众微信平台、建立网站百度推广等营销模式加大宣传力度，从而充分打开市场，在此基础上，不断强化“青海拉面”的品牌效应，为品牌化、规模化和连锁模式打下良好基础。

青海拉面店的基础设施

拉面店硬件设施

名称	参考价格（元）	备注
桌椅	4 000	10套
餐具	3 000	包括：锅碗、瓢盆、大小汤勺等
灶具	4 000	包括：炉灶、不锈钢工作台、货架等
冰柜	2 000	一台
清洁工具	3 000	包括：餐巾、清洁器具等
开票机	2 000	一台
吧台	1 500	一张
消毒柜	2 000	一台
装饰费用	15 000	
合计	36 500	

拉面店软件设施

名称	参考价格（元）	季度	备注
工资费用	10 000	按一月计算	
管理费用	1 000	按一月计算	
水电气费用	1 200	按一月计算	
通讯费用	500	按一月计算	
流动资金	10 000	按一月计算	
住宿费用	1 500	按一月计算	三室一厅
合计	24 200		

注：1. 其中房租（F）由“店面租金（m）”和“转让费（n）”两部分组成，为求得准确的预算费用，暂时编制在核算之处。2. 原料初次采购费用暂按3 000元计算；3. 开店当日广告宣传费用暂按3 000元计算

青海拉面店初次投资回收分析

下面主要对牛肉面馆的亏损盈利进行分析：

1. 盈利分析

按照每天卖出 250 碗，每碗平均 10 元计算，则：每月收入：30 天 ×250 碗 / 天 ×10 元 / 碗 =75 000 元

利润 = 总收入 – 软件设施费用 – 原材料费用（原料费用按总收入的 50% 计算，即 15 000 元）

则每月利润为：75000–24200–18250=32 550 元（未算税金）

2. 投资回收期

开店总投资 =36500（硬件）+24200（软件）+12000（店租）+40000（转让费）+3000（初次采购费）+3000（开业宣传费）=118 700（元）

投资回收期 =118700/32550=3.64（即营业 4 个月后开始盈利）

3. 亏损对策

（1）调整对策，代卖凉菜、茶叶蛋及冷饮。

（2）转让店面或融资者再行商议。

中型餐馆标准

中型餐馆是指经营场所使用面积为150~500m^2（不含150m^2，含500m^2），或者就餐座位数在75~250座（不含75座，含250座）的餐馆。

一、选址要求

选择地势干燥、有给排水条件和电力供应的地区，不得设在易受到污染的区域。选址在楼房内的餐饮服务单位要单独设置粗加工、切配、烹饪、面点制作、餐用具清洗消毒、备餐、卫生间等专用功能间。

选址在平房内距离粪坑、污水池、暴露垃圾场（站）、旱厕等污染源25m以上，同时，应注意在粉尘、有害气体、放射性物质和其他扩散性污染源的影响范围之外。

选址要求同时符合环保、消防部门的相关要求。

二、场所设置、布局、分隔和面积要求

（一）设置与食品供应方式和品种相适应的粗加工、切配、烹饪、面点制作、餐用具清洗消毒、备餐等加工操作场所，以及食品库房、更衣室、清洁工具存放场所等。各场所均设在室内。

（二）凉菜配制、裱花操作和备餐应分别设置相应操作专间。

（三）制作现榨果蔬汁和水果拼盘及加工生食海产品，设置相应的专用操作场所。

（四）各加工操作场所按照原料进入、原料处理、半成品加工、成品供应的顺序合理布局，并能防止食品在存放、操作中产生交叉污染。

（五）用于原料、半成品、成品的工具、用具和容器，有明显的区分标识，存放区域分开设置。

（六）食品处理区面积与就餐场所面积之比，以及最大供餐人数符合《餐饮服务食品安全操作规范》等要求。

（七）切配烹饪场所面积≥食品处理区面积50%（全部用半成品烹饪的可适当减少），凉菜间面积≥食品处理区面积10%。

（八）凉菜间面积≥5m^2。

（九）加工经营场所内无圈养、宰杀活的禽畜类动物的区域（或距离25m以上）。

三、食品处理区地面、墙壁、门窗、天花板与排水要求

（一）地面用无毒、无异味、不透水、不易积垢、耐腐蚀、防滑的材料铺设，且平整、无裂缝。粗加工、切配、餐用具清洗消毒和烹调等场所的地面易于清洗、防滑，并有排水系统。

（二）地面和排水沟有排水坡度。

（三）排水沟出口有网眼孔径小于6mm的金属隔栅或网罩。

（四）墙壁采用无毒、无异味、不透水、平滑、不易积垢的浅色材料，粗加工、切配、餐用具清洗消毒和烹调等场所有 1.5m 以上光滑、不吸水、浅色、耐用和易清洗的材料制成的墙裙。

（五）门、窗装配严密，与外界直接相通的门和可开启的窗设有易于拆洗且不生锈的防蝇纱网或设置空气幕，与外界直接相通的门能自动关闭。

（六）粗加工、切配、餐用具清洗消毒、烹调等场所如设门，采用易清洗、不吸水的坚固材料制作。

（七）天花板采用无毒、无异味、不吸水、表面光洁、耐腐蚀、耐温、浅色材料涂覆或装修。

四、洗手消毒设施要求

（一）食品处理区内设置足够数量的洗手设施，其位置在方便员工的区域。

（二）洗手消毒设施附近有相应的清洗、消毒用品和干手用品或设施，员工专用洗手消毒设施附近有洗手消毒方法标识。

五、餐用具清洗消毒保洁设施要求

（一）配备能正常运转的清洗、消毒、保洁设备设施。

（二）各类清洗消毒方式设专用水池的最低数量：采用化学消毒的，至少设有 3 个专用水池。采用人工清洗热力消毒的，可设置 2 个专用水池。各类水池以明显标识标明其用途。

（三）餐用具清洗消毒水池专用，与食品原料、清洁用具及接触非直接入口食品的工具、容器清洗水池分开。

（四）设专供存放消毒后餐用具的保洁设施，标记明显，结构密闭并易于清洁。

（五）清洗、消毒、保洁设备设施的大小和数量能满足需要。

（六）使用集中消毒餐饮具，应查验集中消毒餐饮具单位的经营资质，索取每批次消毒合格凭证。

六、食品原料、清洁工具清洗水池要求

（一）粗加工操作场所分别设动物性食品、植物性食品、水产品 3 类食品原料的清洗水池，水池数量或容量与加工食品的数量相适应。各类水池以明显标识标明其用途。

（二）设专用于拖把等清洁工具清洗水池，其位置不会污染食品及其加工制作过程。

七、设备、工具和容器要求

（一）接触食品的设备、工具、容器、包装材料等符合食品安全标准或要求。

（二）接触食品的设备、工具和容器易于清洗消毒。

八、通风排烟设施要求

（一）烹调场所采用机械排风。产生油烟的设备上部加设附有机械排风及油烟过滤的排气装置，过滤器便于清洗和更换。

（二）排气口装有网眼孔径小于 6mm 的金属隔栅或网罩。

九、废弃物暂存设施要求

（一）食品处理区设存放废弃物或垃圾的容器。废弃物容器与加工用容器有明显区分的标识。

（二）废弃物容器配有盖子，以坚固及不透水的材料制造，内壁光滑便于清洗。专间内的废弃物容器盖子为非手动开启式。

十、库房和食品贮存场所要求

（一）食品和非食品（不会导致食品污染的食品容器、包装材料、工具等物品除外）库房分开设置。

（二）冷藏、冷冻柜（库）数量和结构能使原料、半成品和成品分开存放，有明显区分标识。

十一、专间要求

（一）专间内无明沟，地漏带水封。食品传递窗为开闭式，其他窗封闭。专间墙裙铺设到顶。

（二）专间门采用易清洗、不吸水的坚固材质，且自动关闭。

（三）专间内设符合《餐饮服务食品安全操作规范》要求的空调设施、空气消毒设施、工具清洗消毒设施；凉菜间、裱花间设专用冷藏设施。

（四）专间入口处设置洗手、消毒、更衣设施的通过式预进间，洗手消毒设施符合《餐饮服务食品安全操作规范》第二十九条的规定。

（五）制作现榨果蔬汁和水果拼盘及加工生食海产品，设置相应专用操作场所，要求配备专用设施（刀具、案板等），在操作台面上方 1.5~2m 设置紫外线消毒设施。

十二、厕所要求

（一）厕所不得设在食品处理区。

（二）厕所采用水冲式，地面、墙壁、便槽等采用不透水、易清洗、不易积垢的材料，设有效排气装置，有适当照明，与外界相通的窗户设置纱窗，或为封闭式，外门能自动关闭，在出口附近设置洗手设施。

十三、明厨亮灶要求

在餐饮服务单位后厨的操作间、凉菜间、洗消间等餐饮加工场所进行“明厨亮灶”。根据餐饮服务单位实际情况，安装“电子眼”通过视频传输技术或者改造使用透明玻璃隔断，让后厨餐饮加工制作过程以视频或直观形式实时展示给消费者，使后厨成为可视、可感、可知的“透明厨房”。

十四、就餐场所要求

（一）就餐场所餐桌台布要求每餐更换，定期清洗消毒。

（二）就餐场所摆台餐饮具（含筷子）应使用易清洗，易消毒，不易挥发，不易渗出

材质的摆台餐饮具，且清洗消毒应符合本标准第五条所规定的各项内容。不得使用筷子套，筷子应定期更新。餐前应提供开水、洁净空盆便于消费者对使用的摆台餐饮具进一步清洗。

（三）就餐场所打包餐饮具应从具有合法资质的供货方购进，且索取每批次检验合格凭证。

（四）就餐场所应提供产品标识齐全、检验合格的预包装餐巾纸，且查验供货方相关资质。

（五）就餐场所应设置脚踏式带盖垃圾箱，定时清理餐桌废弃物，防止交叉污染。

十五、接触直接入口食品要求

凡需接触直接入口食品的从业人员要按照《餐饮服务食品安全操作规范》相关要求操作，操作时使用清洗消毒的专门用具用品或符合要求的一次性塑料手套。专间操作人员还应按照专间操作规范要求进行操作。

青海省食品药品监督管理局

小型餐馆标准

小型餐馆是指经营场所使用面积在 150m^2 以下（含 150m^2），或者就餐座位数在 75 人以下（含 75 座）以下的餐馆。

一、选址要求

选择地势干燥、有给排水条件和电力供应的地区，不得设在易受到污染的区域。选址在楼房内的餐饮服务单位要单独设置粗加工、切配、烹饪、面点制作、餐用具清洗消毒、备餐、卫生间等专用功能间。

选址在平房内距离粪坑、污水池、暴露垃圾场（站）、旱厕等污染源 25m 以上，并设置在粉尘、有害气体、放射性物质和其他扩散性污染源的影响范围之外。

选址要求同时符合环保、消防部门的相关要求。

二、场所设置、布局、分隔和面积要求

（一）设置与食品供应方式和品种相适应的粗加工、切配、烹饪、面点制作、餐用具清洗消毒等加工操作场所，以及食品库房、更衣室、清洁工具存放场所等。各场所均设在室内。

（二）凉菜配制、裱花操作应分别设置相应操作专间。制作现榨果蔬汁和水果拼盘及加工生食海产品，设置相应的专用操作场所。

（三）各加工操作场所按照原料进入、原料处理、半成品加工、成品供应的顺序合理布局，并能防止食品在存放、操作中产生交叉污染。

（四）用于原料、半成品、成品的工具、用具和容器，有明显的区分标识，存放区域分开设置。

（五）食品处理区面积与就餐场所面积之比，以及最大供餐人数符合《餐饮服务食品安全操作规范》等要求。

（六）切配烹饪场所面积≥食品处理区面积 50%（全部用半成品烹饪的可适当减少）。

（七）凉菜间面积≥食品处理区面积 10%。

三、食品处理区地面、墙壁、门窗、天花板与排水要求

（一）地面用无毒、无异味、不透水、不易积垢、耐腐蚀、防滑的材料铺设，且平整、无裂缝。粗加工、切配、餐用具清洗消毒和烹调等场所的地面易于清洗、防滑，并有排水系统。

（二）排水沟出口有网眼孔径小于 6mm 的金属隔栅或网罩。

（三）墙壁采用无毒、无异味、不透水、平滑、不易积垢的浅色材料，粗加工、切配、餐用具清洗消毒和烹调等场所有 1.5m 以上光滑、不吸水、浅色、耐用和易清洗的材料制成的墙裙。

（四）门、窗装配严密，与外界直接相通的门和可开启的窗设有易于拆洗且不生锈的防蝇纱网或设置空气幕，与外界直接相通的门能自动关闭。

（五）天花板采用无毒、无异味、不吸水、表面光洁、耐腐蚀、耐温、浅色材料涂覆或装修。

四、餐用具清洗消毒保洁设施要求

（一）各类清洗消毒方式设专用水池的最低数量：采用化学消毒的，至少设有 3 个专用水池。采用人工清洗热力消毒的，可设置 2 个专用水池。各类水池以明显标识标明其用途。

（二）配备正常运转的清洗、消毒、保洁设备设施。设专供存放消毒后餐用具的保洁设施，标记明显，结构密闭并易于清洁。

（三）清洗、消毒、保洁设备设施的大小和数量能满足需要。

（四）应使用集中消毒餐饮具，查验集中消毒餐饮具供货单位的经营资质，索取每批次消毒合格凭证。

五、食品原料、清洁工具清洗水池要求

（一）粗加工操作场所分别设动物性食品、植物性食品、水产品 3 类食品原料的清洗水池，水池数量或容量与加工食品的数量相适应。各类水池以明显标识标明其用途。

（二）设专用于拖把等清洁工具、用具的清洗水池，其位置不会污染食品及其加工制作过程。

六、设备、工具和容器要求

（一）接触食品的设备、工具、容器、包装材料等符合食品安全标准或要求。

（二）接触食品的设备、工具和容器易于清洗消毒。

七、通风排烟设施要求

（一）烹调场所采用机械排风。产生油烟的设备上部加设附有机械排风及油烟过滤的排气装置，过滤器便于清洗和更换。

（二）排气口装有网眼孔径小于 6mm 的金属隔栅或网罩。

八、废弃物暂存设施要求

（一）食品处理区设存放废弃物或垃圾的容器。废弃物容器与加工用容器有明显区分的标识。

（二）废弃物容器配有盖子，以坚固及不透水的材料制造，内壁光滑便于清洗。专间内的废弃物容器盖子为非手动开启式，

九、库房和食品贮存场所要求

（一）食品和非食品（不会导致食品污染的食品容器、包装材料、工具等物品除外）库房分开设置。

（二）冷藏、冷冻柜（库）数量和结构能使原料、半成品和成品分开存放，有明显区分标识。

十、专间要求

（一）专间内无明沟，地漏带水封。食品传递窗为开闭式，其他窗封闭。专间墙裙铺设到顶。

（二）专间门采用易清洗、不吸水的坚固材质，且自动关闭。

（三）专间内设符合《餐饮服务食品安全操作规范》要求的空调设施、空气消毒设施、工具清洗消毒设施；凉菜间、裱花间设专用冷藏设施。

（四）专间入口处设置洗手、消毒、更衣设施。

（五）制作现榨果蔬汁和水果拼盘及加工生食海产品，设置相应专用操作场所，要求配备专用设施（刀具、案板等），在操作台面上方 1.5~2m 设置紫外线消毒设备。

十一、明厨亮灶要求

在餐饮服务单位后厨的操作间、专间、洗消间等餐饮加工场所进行“明厨亮灶”。根据餐饮服务单位实际情况，安装“电子眼”通过视频传输技术或者改造使用透明玻璃隔断，让后厨餐饮加工制作过程以视频或直观形式实时展示给消费者，使后厨成为可视、可感、可知的“透明厨房”。

十二、就餐场所要求

（一）就餐场所地面要求浅色，易清洁。

（二）就餐场所餐桌材质要求易清洁。餐桌上不得铺设台布（含塑料制品）。

（三）就餐场所摆台餐饮具（不含筷子）应使用易清洗瓷质或不锈钢的集中消毒后的餐饮具，且清洗消毒应符合本标准第四条所规定的各项内容。餐前应提供开水、洁净空盆便于消费者对使用的摆台餐饮具进一步清洗。

（四）就餐场所筷子必须使用清洗消毒后的，使用消毒机消毒的，消毒机保证在工作状态下；使用化学和物理消毒的，必须符合化学和物理消毒的要求。不得使用筷子套，筷子应定期更新。

（五）就餐场所打包餐饮具应从具有合法资质的供货方购进，且索取每批次检验合格凭证。

（六）就餐场所应提供产品标识齐全、检验合格的预包装餐巾纸，且查验供货方相关资质。

（七）就餐场所应设置脚踏式带盖垃圾箱，定时清理餐桌废弃物，防止交叉污染。

十三、接触直接入口食品要求

凡需接触直接入口食品的从业人员要按照《餐饮服务食品安全操作规范》相关要求操作，操作时使用清洗消毒的专门用具用品或符合要求的一次性塑料手套。专间操作人员还要按照专间操作规范要求进行操作。

青海省食品药品监督管理局

青海拉面工单项技能评鉴标准

一、职业名称

青海拉面工

1. 职业定义

运用中国传统的或现代的成型技术和成熟方法，对拉面的主料和辅料进行加工，制成具有地方特色面食的人员。

2. 职业等级等级

本职业共设三个等级，分别为：初级拉面工、中级拉面工、高级拉面工。

3. 环境

室内

4. 能力特征

手指和手臂灵活，色、味、嗅等感官司灵敏，形体感强。

5. 基本文化程度

初中毕业或相当于初中水平，贫困地区可放宽到相当于小学水平。

6. 培训要求

全日制技能教育，根据其培养目标和教学计划确定。普及培训期限：初级不少于 180 标准学时，中级不少于 120 标准学时，高级不少于 60 标准课时。

7. 培训教师

培训教师应具备一定的中式面点及拉面专业知识，实际操作经验和教学经验，具有良好的语言表达能力和知识传授能力，并具有本工种国家职业资格证和相应的其他专业证书。

8. 培训场地与设备

有可容纳 50 名以上学员的标准教室、有必要的教学设备及供学员练习的设备、设施、室内卫生、光线、通风条件良好，符合国家消防安全和卫生标准。

二、适用对象

从事或准备从事本职业的人员。

1. 申报条件

——初级（具备以下条件之一者）

（1）经本职业初级正规培训达规定学时数，并取得毕（结）业证书。

（2）在本职业连续见习工作 2 年以上。

（3）本职业学徒期满。

——中级（具备以下条件之一者）

（1）取得本职业初级资格证书后，连续从事本职业工作 3 年以上，经本职业中级正规培训达到规定标准学时数，并取得毕（结）业证书。

（2）取得本职业初级资格证书后，连续从事本职业工作 5 年以上。

（3）连续从事本职业工作 6 年以上。

（4）取得经劳动保障行政部门审核认定的、以中级技能为培养目标的中等以上职业学校本职业（专业）毕业证书。

——高级（具备以下条件之一者）

（1）取得本职业中级职业资格证书后，连续从事本职业工作 4 年以上，经本职业高级正规培训达到规定标准学时数，并取得毕（结）业证书。

（2）取得本职业中级职业资格证书后，连续从事本职业 7 年以上。

（3）取得高级技工学校或经劳动保障行政和部门审核认定，以高级技能为培养目标的高等职业学校本职业（专业）毕业证书。

（4）取得本职业中级职业资格证书的大专以上本专业或相关专业毕业生，连续从事本职业工作 2 年以上。

2. 评鉴方式

分为理论知识考试和技能操作考核。理论知识考试采用笔试方式，技能操作考核采用现场操作方式进行，两种方式考试（核）均采用百分制，皆达 60 分以上者为合格。

3. 考评人员与考生配比

理论知识考试按 1：20 配考评员，每个标准教室不少于 2 名考评员：技能操作考核按 1：5 配考评员，且不少于 3 名考评员。

4. 评鉴时间

初级、中级、高级理论知识考试为 120 分钟。实际操作时间分两种：

（1）现场煮肉、制汤时间为初级 3 小时、中级 3:20 小时、高级 3:30 小时。

（2）煮肉、制汤在场外进行时间为初级 15 分、中级 30 分、高级 45 分。

三、评鉴场所设备

理论知识考试在标准教室进行，技能操作考核在拉面操作间进行，操作技能鉴定场所应配备相应的燃料、水、电源，并有 4 个以上灶眼和相应的汤锅，下面锅、炒锅、大木案板、称量衡器、勺、筷子漏勺和各种调料缸，有良好照明、通风设备，有防火安全设备。

青海拉面工单项职业能力鉴定规范

职业定义 青海拉面 **适用对象** 从事或准备从事本职业的人员

工作要求

工作任务	操作规范		相关知识	考核比重
一、操作前的准备	1.操作间的整理	1.能清理工作台、地面、带手布。	环境卫生知识	3
	2.个人的仪表仪容	2.能够保持工作服、围裙、鞋子等的整洁干净，不佩戴饰物、讲究个人卫生	个人卫生知识 食品卫生法规	4
	3.工具、设备准备	3.能够使用、保养常用工具设备	设备维护常识	3
	4.原料准备	4.能够正确识别拉面面粉的筋度。能够准确掌握调料、配料的品种及用量	面粉知识 调料知识	4
二、和面	1.和面	1.能够把面和好，根据季节不同掌握水温，掺水要适当，动作要快速，干净利落，做到“三光”，即手光、面光、案板光	和面工艺	10
	2.加拉面剂	2.能够正确加拉面剂，要熟悉拉面剂的软化和用量，加拉面剂不得超过两次，做到稳准	了解拉面剂性能	6
	3.溜面	3.能把面团溜均匀，既柔软又不断	溜面工艺	5
	4.下剂子	4.能把面团下成份量均匀的剂子	面坯工艺及注意事项	6
三、制汤	1.调料	1.能够正确的使用调料	调料知识	8
	2.配料	2.能够掌握清真拉面的相关配料	配料知识	8
	3.制汤	3.能够掌握牛肉汤的熬制程序及火候	烹调知识	10
四、成型及熟制	1.制红油	1.能够把辣椒面制成红色的辣椒油	烹调知识	10
	2.各种拉面的手法	2.能够制作三种以上(宽、细、韭叶)形状的拉面	拉面手法知识	11
	3.成品	3.能够制作出色、香、味具佳的拉面	烹调知识	12

青海拉面工初级理论知识试卷

姓名

	一	二	三	四	总分
得分					

注意事项

1.考试时间：120分钟

2.请首先按要求在试卷的标封处填写您的姓名、准考证号和所在单位的名称

3.请仔细阅读各种题目的回答要求，在规定的位置填写您的答案

4.不要在试卷上乱写乱画，不要在标封区填写无关的内容

得分	
评分人	

一、判断题 对的打√ 错的打 ×（每题 2 分，合计 30 分）

1.食醋按色泽分为红醋和黑醋。（　）

2.和面中间不能加底灰。（　）

3.对一些质量较差，筋力小的面粉在和面时可适量加入少量食盐。(　)

4.刀豆所含的皂素成分不会引起食物中毒。(　)

5.新鲜的面粉有正常的白色和香味，用口品尝略带甜味。(　)

6.冬季和面，为保持面团的温度，最好用沸水和面。(　)

7.牦牛肉，肉质比较细嫩，味道鲜美，骨质坚硬，出肉率在70%以上。(　)

8.溜面又叫溜条，操作时与揉面同时进行。(　)

9.生产经营单位为了逃避应当承担的事故赔偿责任，在劳动合同中与从业人员订立“生死合同”是非法的，无效的，不受法律保护。（　）

10.厨房设备的使用随个人意愿操作。（　）

11.小茴香是草本植物茴香的种籽，呈灰色，形如稻粒，香味浓郁。（　）

12.《安全生产法》关于从业人员的安全生产义务主要有四项：即遵章守规，服从管理；佩戴和使用劳动防护用品；接受培训，掌握安全生产技能；发现事故隐患及时报告。（　）

13.南方人口味清淡，主食爱吃米饭，面食在一般南方人的心目中只作为调味剂。（　）

14.无论气温高低，面团存放时间长短，掺灰量是相等的。（　）

15.花椒是制作花椒盐、花椒油的调料。（　）

得分	
评分人	

二、选择题请将下面正确的字母填在括号内（每题 2 分，合计 40 分）

1.和面时反复搓揉，动作要快，用劲均匀。目的是使（ ）。

A.水渗透快　　B.水粉结合

C.增加面粉吸水　　D.增加面筋质的筋力

2.浸泡暂时不用的洋芋，可往水中加少量的（ ）

A.大料　　B.花椒

C.白醋　　D.盐

3.家用电器在使用过程中，下列说法中不正确的是（ ）

A.禁止用湿手操作开关或插拔电源插头

B.不能用湿手更换灯泡

C.不必切断电源，即移动器具

4.牦牛躯体（ ），全身被毛粗长、浓密、厚实。

A.肥壮　　B.较大

C.粗犷　　D.丰满

5.小麦糊粉层占小麦总重量的（ ）。

A.4%　　B.3%

C.3.25%~9.48%　　D.14%

6.牦牛肌肉发达，（ ）较少。

A.脂肪　　B.骨骼

C.结缔组织　　D.含水量

7.揉匀揉头时的面团，内部结合（ ）。

A.合理　　B.齐全

C.紧密　　D.松软

8.国外引进的肉用牛出肉率一般在（ ）以上。

A.5%　　B.55%

C.60%　　D.65%

9.揉匀揉透的面团，外表（ ）。

A.洁白　　B.光润

C.爽划　　D.光润爽滑

10.检查煤气灶具是否漏气应采取哪种方法？（ ）

A.用火试　　B.用鼻子闻

C.用肥皂水刷到接口处检查

11.花椒外皮为（ ）。

A.黑褐色　　B.红褐色

C.褐色　　D.浅褐色

12.拉面技术动作与操作程序之一是（　）。

A.包面　　B.卷面

C.抻面　　D.按面

13.食盐有很强的（　）。

A.吸热性　　B.吸潮性

C.吸味　　D.吸养分

14.一般煮汤用火原则应是（　）烧开，微火煮制。

A.小火　　B.微火

C.旺火　　D.微小火

15.调味品都不同程度的含有一定的（　）。

A.脂肪　　B.水分

C.营养成分　　D.矿物制

16.1千克干粉拉面剂可用于(　)面粉调制。

A.50千克　　B.100千克

C.150千克　　D.200千克

17.拉面调味品的作用之一是（　）。

A.改善拉面的色泽　　B.调和拉面的质量

C.改善拉面的滋味　　D.增加辣香味

18.在面粉保管中应注意事项之一是（　）。

A.避免虫害　　B.避免鼠害

C.避免感染　　D.避免异物

19.标准粉含水量不超过干物质的（　）。

A.11%　　B.12%

C.13%　　D.14%

20.泡菜的特点是质地鲜脆、清淡爽口和（　）。

A.质地独到　　B.风味独特

C.原料独特　　D.种类独特

得分	
评分人	

三、填空题（每题2分，合计20分）

1.拉面的基本技术动作是拉面制作工艺中最重要的（　）。

2.拉面的基本技术动作熟练与否，会直接影响拉面时的（　）和工作效率。

3.拉面的基本动作包括臂力、（　）等。

4.拉面以手工为主，是一项重体力加(　)的熟练工种。

5.在雷雨天不要走近高压电杆、铁塔、避雷针，远离至少(　)米以外。

6.和面要求作到“三光”指：手光、面光、（　）光。

7.《安全生产法》规定的安全生产管理方针是（　）。

8.水温必须在30℃以下，防止蛋白质变性，影响（　）。

9.下剂一般称为（　）、摘剂、掐剂等。

10.拉面成品特点是：一清、二百、（　）、四绿、五味香。

得分	
评分人	

四、简答题（每题5分，合计10分）

1.菜籽油在拉面中的作用？

2.制汤的基本原则有那些？

牛肉拉面制作初级理论试卷答案

一、判断题

1.× 2.× 3.√ 4.× 5.√ 6.× 7.× 8.√ 9.√ 10.× 11.√ 12.√ 13.√ 14.× 15.×

二、选择题

1.B 2.C 3.C 4.C 5.C 6.A 7.C 8.C 9.D 10.C 11.B 12.C 13.B 14.C 15.C 16.D 17.C 18.C 19.D 20.B

三、填空题

1.基础操作；2.质量；3.腕力；4.熟练；5.20米；6.案板光7.安全第一、预防为主；8.面团的劲力；9.揪剂；10.三红

四、简答题

1.（1）传热和保温作用

（2）增香作用

（3）滋润作用

2.（1）选用新鲜无异味牛骨及牛肉。

（2）将原料炸水处理。

（3）原料一次性下人足量的冷水锅中。

（4）准确使用调味品。

（5）灵活掌握火候。

（6）根据不同档次要求制汤。

（7）制好的汤要注意存放。

青海拉面技能竞赛评判标准

一、指导思想

为进一步弘扬青海饮食文化，打造青海特色名优小吃，彰显青海地方特色，服务百姓生活，塑造绿色、健康、营养的饮食文化观念，以及认真贯彻落实习近平总书记在十九大报告中提出的“提高就业质量和人民收入水平”的宏伟目标，提倡青海拉面走向全国走出国门。结合青海省政府青政办（2017）第41号文件精神，大力发展青海拉面经济为指导。

在政府的正确领导下，化隆人民凭着勤劳、勇敢与智慧历经数十年的创业历程，从固步自封、严守自家一亩三分田到进场做沙娃、做民工修筑公路、搞运输、当跑堂、开拉面馆一步步艰辛的创业经历，最终以一碗小小的拉面为全县人民创造了致富之路。并已获得了全国优秀劳务品牌之殊荣。截至目前“青海拉面”已遍及全国各大省、市、自治区、现已走出了国门。拉面经济的不断长大有力推动了化隆群众脱贫致富的步伐，对建设社会主义新农村，构建和谐化隆起到了积极的作用。为了更好的推动青海创业促就业工作激励广大群众自主创业的积极性，壮大我省劳务经济，做大做强“青海拉面”品牌，不断发展和创新拉面技艺和提档升级，决定举办“青海拉面”技能大赛。

二、基本原则

举办青海拉面竞赛是宣传大美青海，具有青海名优佳肴，重点展示青海拉面技艺，提升企业档次。打造我省拉面企业品牌化、连锁化、规范化。营造青海美食文化。

随着人民生活水平的不断提高，青海拉面正在迅速发展并走向大众，人们更加追求高品位的饮食文化和高水平的拉面档次。为了弘扬青海饮食文化、相互交流拉面技术、宣传展示青海餐饮界在加快经济发展中精神风貌和具有民族特色的风味拉面美食，促进青海省餐饮界的有识之士、名厨名师、同行业间的拉面能手共同切磋拉面技艺，交流经验，提高拉面技术水平和技术创新，扩大青海拉面对外的影响力，着力将“青海拉面”做成品牌化、连锁化为原则。

三、组织领导（略）

（一）组委会

（二）筹备组

（三）督导组

（四）治安组

（五）宣传组（每组设置：组长、副组长、组员）

（六）主持人（一男一女为佳）

（七）评委组（裁判长、裁判员、评委。评委组一般设置七人：国家级专业评委3人，民俗专家2人，专业研究拉面专家、学者2人）

四、主办单位

承办单位

协办单位

五、邀请嘉宾

六、大赛有关事项

（一）大赛时间

（二）大赛地点

（三）参赛对象及报名方式

（四）比赛方式

（五）评分标准

（六）奖项设置与奖励办法

（七）比赛程序

七、青海拉面竞赛综合评分标准

（一）基础设施（10分）

基础设施设备到位，食客感觉舒适。桌、椅完整、清洁、经营场所硬化处理和灭蝇处理。

（二）卫生（10分）

1．环境卫生符合卫生监督部门的规定标准。

2．从业人员个人卫生：头发干净、整齐、发型短而美观大方，指甲修剪整齐、服装整洁干净。

3．后厨卫生：厨房工作人员及服务员应持（健康证）。后厨局部合理、干净卫生。

（三）服务质量（20分）

1．服饰：服装要整洁、得体、体现民族特色。

2．礼仪：举止大方、端庄、稳重、表情自然 诚恳、和蔼、无不合礼仪的生活习惯。

3．礼语：礼貌用语、最大限度的说普通话。

（四）拉面成品（60分）

1．面：面条劲道、均匀、不粘连、富有弹性。

2．汤：汤清澈、味鲜香、汤面不浑浊

3．牛肉：选料准确、味酱香、嫩度适宜

4．蔬菜：新鲜、绿色度高、切配恰当、香菜与蒜苗比例合适，蒜苗70%香菜30%。

5．萝卜：刀工处理基本达到4厘米 ×2.5厘米 ×0.2厘米的标准，薄厚一致，熟处理恰当、口感宜人。

6．辣椒油：色泽红亮，香辣醇厚。

7．器皿：盛器沿边与外边保持干净，不能有指印和二次污染。

青海拉面师技能竞赛标准

一、和面

把面粉倒在案板上中间刨个坑，双手握紧拳头在案板上敲动使“面墙”坐结实后倒入适量的清水，采用十字抄拌法的手法在3分钟之内把面打成雪花状再把面摊开撒上第二次水和成穗子状，再进行第三次洒水和成面团。不能和成包水面。底灰打4勺：面无异味、无干面块。15分钟之内把面和成标准的富有弹性的拉面面团。

二、揉面

用最大力将面揉成粗长条状折叠后，双手交叉将面捣开打灰，揉成型反复揉，把面揉到起小泡，面色光亮待均匀后以正反方向甩面16下。

三、下剂子：剂子粗细均匀长短相等

四、拉面

成品面无跑条、断条、均匀、无粘面和面疙瘩，口感滑爽劲道。

（1）标准三细面：第一道1米，第六道1.4米长不少于150米。

（2）标准二细面：第一道1米、第五道1.4米，煮熟后直径1.2毫米至1.3毫米。

（3）标准韭叶面：第一道宽5厘米、长1米、厚0.8厘米；第五道面宽0.4厘米，长1.4米、厚0.8毫米。

（4）标准中宽面：第一道宽7厘米、长1米、中心厚度0.8厘米，第四道面宽1厘米、长1.4米、成品中心厚度0.8毫米，两边正反面压边。

（5）荞麦棱子、三棱成型：第一道1米、第五道1.4米，三棱平均尺寸2.5厘米。

（6）标准大宽面：第一道8厘米、中心厚度0.7厘米，第四道宽2.2厘米、成品中心厚度0.8毫米。

（7）标准毛细面：第一道1.2米，第七道1.4米、直径1毫米、长306米。

五、在保质保量的情况下每分钟不少于5个面

六、卫生标准

（1）台面：干净整洁、地面、排烟罩：地面干净整齐无杂物、排烟罩干净无油腻；墙面、吊顶：干净明亮无灰尘。

（2）凉菜间：地面干净无杂物、台面干净整齐、放置整齐，冷面柜摆放整齐，严禁放生肉及彩色塑料袋，及时除霜。

七、品行态度

工作态度、出勤率（迟到早退、违纪、矿工）、违反规章制度、带情绪工作礼貌礼节：见公司同事及领导需积极主动打招呼。道德：损公肥私、自私自利、拉帮结派。

八、团队执行

团结协作，互帮互助，对班交接，工作落实。

青海拉面技能大赛评委评分表

<table>
<tr><td colspan="2">参赛队（个人）</td><td colspan="4"></td></tr>
<tr><td colspan="2">内容</td><td>标准</td><td>要求</td><td>满分</td><td>实际得分</td></tr>
<tr><td rowspan="5">面</td><td>大宽</td><td>面宽2.2厘米</td><td rowspan="4">面均匀，顺滑（5分）
不粘连（5分）
不断条（5分）
滑爽劲道（5分）</td><td rowspan="4">20分</td><td></td></tr>
<tr><td>韭叶</td><td>面宽0.4厘米</td><td></td></tr>
<tr><td>二细</td><td>直径1.3毫米</td><td></td></tr>
<tr><td>毛细</td><td>直径1毫米</td><td></td></tr>
<tr><td colspan="4">合计</td><td></td></tr>
<tr><td rowspan="4">汤料</td><td rowspan="4">汤面配比得当，色泽纯净，无异物。</td><td>温度（5分）</td><td colspan="2" rowspan="3">20分</td><td></td></tr>
<tr><td>汤面结合事宜（5分）</td><td></td></tr>
<tr><td>口感（10分）</td><td></td></tr>
<tr><td>合计</td><td colspan="2"></td><td></td></tr>
<tr><td rowspan="3">辣油</td><td rowspan="3">色泽红亮，火候合适。</td><td>色泽红亮（5分）</td><td colspan="2" rowspan="2">10分</td><td></td></tr>
<tr><td>香味纯真（5分）</td><td></td></tr>
<tr><td colspan="3">合计</td><td></td></tr>
<tr><td rowspan="10">综合</td><td rowspan="10">从拉面整体评分，注重色，香，味，整体美观。</td><td>色度（5分）</td><td rowspan="9">50分</td><td></td><td></td></tr>
<tr><td>香度（5分）</td><td></td><td></td></tr>
<tr><td>味度（5分）</td><td></td><td></td></tr>
<tr><td>服装整洁（5分）</td><td></td><td></td></tr>
<tr><td>操作姿势规范（5分）</td><td></td><td></td></tr>
<tr><td>配菜数量（5分）</td><td></td><td></td></tr>
<tr><td>萝卜片大小4×2.5×0.2（5分）</td><td></td><td></td></tr>
<tr><td>肉丁烂嫩程度（5分）</td><td></td><td></td></tr>
<tr><td>汤不外溢 整体美观（10分）</td><td></td><td></td></tr>
<tr><td colspan="2">合计</td><td></td><td></td></tr>
<tr><td colspan="2">总得分</td><td colspan="3"></td><td></td></tr>
</table>

评委签字：

青海省餐饮业名师、大师资格评定条件

1 范围

本标准规定了青海省餐饮业名师、大师定义、基本要求、理论要求、技术要求等划分以及资格条件。

本标准适用于青海省境内的饭店、餐饮业现职初、中、高级管理人员和服务人员。

2 定义

下列定义适用于本标准。

2.1 **名师** 在相应专业上学问有一定的造诣，在当地和全省行业中有一定影响力，其专业和职业道德为大家所尊崇的专业人员。

2.2 **大师** 在相应专业上学问有很深的造诣，在全省和全国行业中很有影响力，其专业和职业道德为大家所尊崇的专业人员。

3 类别划分

青海省餐饮业名师、大师类别划分为烹饪、拉面、餐饮服务、客房服务几类。

4 烹饪、拉面名师资格条件

4.1 基本要求

4.1.1 身体健康，敬业爱岗，工作中取得突出成绩。

4.1.2 具有良好的政治素质、职业道德和组织开拓能力，有较丰富的市场营销知识。

4.1.3 严格遵守国家政策法规，热爱烹饪、事业和本职工作。

4.1.4 烹饪、拉面专业连续在一线从事本专业十五年以上，经过市、省相关部门表彰和推荐的优秀高级烹调师、优秀面点师、优秀拉面师、优秀厨师长、服务技术能手、明星等。

4.1.5 在从业过程中无违法行为，具有良好的口碑。

4.1.6 具有高中或中等、中技以上文化程度。

4.2 理论要求

4.2.1 有较高的烹饪和拉面理论水平，精通制作工艺流程。

4.2.2 通晓食品食品安全、餐饮服务食品安全操作规范、饮食营养知识，对营养、卫生、膳食平衡具有深刻认识。

4.2.3 掌握厨房（政）管理、餐饮成本核算和控制的专业理论、实践知识，对厨房经营管理具有一定见解。

4.2.4 熟悉餐饮企业管理的基本知识和相关法律知识。

4.2.5 在市、省级以上（包括市、省级）期刊公开发表过三篇以上（含三篇）的专业文章或参编过餐饮行业著作。

4.3 技术要求

4.3.1 技艺娴熟，精通本派风味菜点和拉面制作的特色，熟悉全国各大菜系的风格特点及代表菜点的制作技艺、成品特色。

4.3.2 实践经验丰富，熟知原材料的产地、产季、性能特点以及文化内涵，在某一地区或某一专业领域中有较高的威望。

4.3.3 在全国、全省性餐饮业技术交流竞赛活动中获得过金奖，或在全国性餐饮业技术交流竞赛活动中担任过评委。

4.3.4 具有较强的创新能力，实践经验丰富，创新能力强，为餐饮业所公认。有公认的或权威机构认可、并受市场欢迎的特色菜点不少于五种。

4.3.5 对品牌餐饮企业的形成和发展做出过积极贡献。

4.3.6 热心带徒传艺，提携后辈，培养人才，对烹饪、拉面职业培训教育做出过积极贡献，具有指导和培养烹调技师、面点技师的知识和能力。

4.4 其他要求

有一定的计算机应用能力，熟悉厨房计算机管理和现代化设备，掌握一定的专业外语知识。

5 烹饪大师资格条件

5.1 基本要求

5.1.1 身体健康，敬业爱岗，工作中取得突出成绩。

5.1.2 具有良好的政治素质、职业道德和组织开拓能力，有丰富的市场营销知识。

5.1.3 严格遵守国家政策法规，热爱烹饪事业和本职工作。

5.1.4 连续在一线从事本专业二十年以上的青海烹饪名师，或经过市、省行业协会和政府相关部门表彰和推荐的优秀烹调技师、优秀面点技师，优秀拉面师、优秀餐饮服务师。

5.1.5 在从业过程中无违法行为，具有良好的口碑。

5.2 理论要求

5.2.1 具有系统的烹饪理论水平，精通烹饪工艺流程。

5.2.2 通晓食品安全、餐饮服务食品安全操作规范、饮食营养知识，对食品营养、卫生、膳食平衡、具有深刻认识。

5.2.3 熟练掌握厨房（政）管理、餐饮成本核算和控制的专业理论、实践知识，对厨房管理具有较深见解和实践经验。

5.2.4 熟悉餐饮企业经营管理的基本知识和相关法律知识。

5.2.5 有一定的美学知识，懂得色彩搭配和食物造型艺术，具有美学鉴赏能力。

5.2.6 具有一定的人文知识，了解我国主要民族的宗教信仰、风俗习惯、礼仪和饮食禁忌，在弘扬饮食文化方面做出过突出贡献。

5.2.7 在市、省级以上（包括市、省级）期刊上公开发表过五篇以上（含五篇）的专业文章或出版过餐饮方面专著。

5.3 技术要求

5.3.1 技艺精湛，精通全国各大菜系的风格特点及代表菜点的制作技艺、成品特色。

5.3.2 实践经验丰富，对本派风味菜点的形成或发展做出过突出贡献，在当地烹饪界中德高望重，在全国烹饪界有较高的威望。

5.3.3 在全国、全省或烹饪技术交流竞赛活动中，成绩优异，获得过两次以上（含两次）金奖，或在全国餐饮业技术交流竞赛活动中担任过两次以上（含两次）评委，或在历届全国或全省烹饪技术比赛中担任过评委。

5.3.4 对品牌餐饮企业的形成和发展做出过突出贡献。

5.3.5 具有很强的创新能力，为烹饪界所公认；有公认的或权威机构认可、并受市场欢迎的特色菜点不少于十种。

5.3.6 具有指导和培养烹饪名师或烹调高级技师、面点高级技师的知识和技术能力。

5.4 其他要求

有一定的计算机应用能力，熟练使用现代化厨房设备，掌握专业外语知识。

6 餐饮服务名师资格条件

6.1 基本要求

6.1.1 身体健康，敬业爱岗，工作中取得突出成绩。

6.1.2 具有良好的政治素质、职业道德和组织开拓能力、营销公关能力。

6.1.3 严格遵守国家政策法规，热爱餐饮服务事业和本职工作。

6.1.4 连续在一线从事本专业十年以上的，经过市、省行业协会或相关部门表彰和推荐的优秀高级餐厅服务师。

6.1.5 在从业过程中无违法行为，具有良好的口碑。

6.1.6 具有高中或同等中专、中技以上文化程度。

6.2 理论要求

6.2.1 有较高的餐饮服务理论水平，精通餐饮服务流程。

6.2.2 通晓食品食品安全、饮食营养知识，酒水知识，对宴会设计具有深刻认识。

6.2.3 掌握餐饮管理、餐饮服务和质量控制的专业理论、实践知识，对餐饮经营管理具有一定见解。

6.2.4 熟悉餐饮企业管理的基本知识和相关法律知识。

6.2.5 在市、省级以上（包括市、省级）期刊公开发表过三篇以上（含三篇）的专业文章或参编过餐饮服务著作。

6.3 技术要求

6.3.1 设计主题宴会技艺娴熟，熟悉本派风味菜点的制作和特色，熟悉全国各大菜系的风格特点及代表菜点的制作技艺、成品特色以及服务特色。

6.3.2　服务接待实践经验丰富，熟知原材料的产地、产季、性能特点以及菜点文化内涵，在某一地区或某一专业领域中有较高的威望。

6.3.3　在全国、全省性餐饮业技术交流竞赛活动中获得过金奖，或在全国、全省性餐饮业技术交流竞赛活动中担任过评委。

6.3.4　具有较强的创新能力，被饭店业、餐饮业公认，有公认的或权威机构认可、并受市场欢迎的特色宴会设计不少于五种。

6.3.5　对品牌餐饮企业的形成和发展做出过积极贡献。参与制定过省级重大接待不少于8次以上。

6.3.6　热心带徒传艺，提携后辈，培养人才，对餐饮服务职业培训教育做出过积极贡献，具有指导和培养餐饮服务技师、高级餐饮服务师的知识和能力。

6.4　其他要求

有一定的计算机应用能力，熟悉餐饮计算机管理和现代化设备，掌握一定的专业外语知识。

7　餐饮服务大师资格条件

7.1　基本要求

7.1.1　身体健康，敬业爱岗，工作中取得突出成绩。

7.1.2　具有良好的政治素质、职业道德和很强的组织开拓能力、营销公关能力。

7.1.3　严格遵守国家政策法规，热爱餐饮服务事业和本职工作，具有良好的职业道德。

7.1.4　连续在一线从事本专业十五年以上的青海餐饮服务名师，或经过市、省协会或相关部门表彰和推荐的优秀服务师、服务能手等。

7.1.5　在从业过程中无违法行为，具有良好的口碑。

7.2　理论要求

7.2.1　具有系统的餐饮服务理论水平，精通餐饮服务工艺流程。

7.2.2　通晓食品安全、餐饮服务食品安全操作规范、饮食营养知识，对食品营养、卫生、膳食平衡、宴会设计具有深刻认识。

7.2.3　熟练掌握餐饮管理、餐饮服务和质量控制的专业理论、实践知识，对餐饮管理具有较深见解和实践经验。

7.2.4　熟悉餐饮企业经营管理的基本知识和相关法律知识。

7.2.5　有一定的美学知识，懂得色彩搭配和宴会设计艺术，具有美学鉴赏能力。

7.2.6　具有一定的人文知识，了解我国主要民族的宗教信仰、风俗习惯、礼仪和饮食禁忌，在弘扬饮食文化方面做出过突出贡献。

7.2.7　在市、省级以上（包括市、省级）期刊上公开发表过五篇以上（含五篇）的专业文章或出版过餐饮服务专著。

7.3 技术要求

7.3.1 设计主题宴会技艺精湛，精通全国各大菜系的风格特点及代表菜点的制作技艺、成品特色。

7.3.2 实践经验丰富，对本派风味菜点的形成或发展做出过突出贡献，在当地餐饮服务界中德高望重，在全国餐饮服务界有较高的威望。

7.3.3 在全国、全省餐饮服务技术交流竞赛活动中，成绩优异，获得过两次以上（含两次）金奖，或在全国餐饮业技术交流竞赛活动中担任过两次以上（含两次）评委，或在历届全国或全省餐饮服务技术比赛中担任过评委。

7.3.4 对品牌餐饮企业的形成和发展做出过突出贡献。参与制定过国家级、或省级重大接待不少于8次以上。

7.3.5 具有很强的创新能力，有公认的或权威机构认可，并受市场欢迎的特色宴会设计不少于十种。

7.3.6 具有指导和培养餐饮服务名师或餐饮服务高级技师、技师的知识和技术能力。

7.4 其他要求

有一定的计算机应用能力，熟练使用现代化餐饮设备，掌握专业外语知识。

8 客房服务服务名师资格条件

8.1 基本要求

8.1.1 身体健康，敬业爱岗，工作中取得突出成绩。

8.1.2 具有良好的政治素质、职业道德和组织开拓能力、营销公关能力。

8.1.3 严格遵守国家政策法规，热爱客房服务服务事业和本职工作，具有良好的职业道德。

8.1.4 连续在一线从事本专业十年以上，以上的省级客房服务名师，经过市、省协会或相关部门表彰和推荐的优秀高级客房服务师。

8.1.5 在从业过程中无违法行为，具有良好的口碑。

8.1.6 具有高中或中专、技校以上文化程度。

8.2 理论要求

8.2.1 有较高的客房服务服务理论水平，精通客房、前厅服务流程。

8.2.2 通晓餐饮、客房、前厅知识，具有深刻认识。

8.2.3 掌握客房服务管理、客房服务服务和控制的专业理论、实践知识，对前厅客房服务、经营管理具有一定见解。

8.2.4 熟悉前厅客房服务管理的基本知识和相关法律知识。

8.2.5 在市、省级以上（包括市、省级）期刊公开发表过三篇以上（含三篇）的专业文章或参编过客房服务服务著作。

8.3 技术要求

8.3.1 设计主题客房技艺娴熟，熟悉全国风俗特点及代表菜点的制作技艺、成品特色。

8.3.2 实践经验丰富，熟知本地特产以及当地旅游文化内涵，在某一地区或某一专业领域中有较高的威望。

8.3.3 在全国、全省性客房服务业技术交流竞赛活动中获得过金奖，或在全国、全省性客房服务业技术交流竞赛活动中担任过评委。

8.3.4 具有较强的创新能力，有公认的或权威机构认可，并受市场欢迎的特色房型设计不少于五种。

8.3.5 对品牌饭店企业的形成和发展做出过积极贡献。参与制定省级重大接待不少8次。

8.3.6 热心带徒传艺，提携后辈，培养人才，对客房服务服务职业培训教育做出过积极贡献，具有指导和培养客房服务师、高级客房服务师的知识和能力。

8.4 其他要求

有一定的计算机应用能力，熟悉客房服务计算机管理和现代化设备，掌握一定的专业外语知识。

9 客房服务服务大师资格条件

9.1 基本要求

9.1.1 身体健康，敬业爱岗，工作中取得突出成绩。

9.1.2 具有良好的政治素质、职业道德和组织开拓能力、营销公关能力。

9.1.3 严格遵守国家政策法规，热爱客房服务服务事业和本职工作。

9.1.4 连续在一线从事本专业十五年以上的青海客房服务名师，或经过市、省协会表彰和推荐的优秀高级客房服务师。

9.1.5 在从业过程中无违法行为，具有良好的口碑。

9.2 理论要求

9.2.1 具有系统的客房服务、前厅服务理论水平，精通前厅、客房服务服务流程。

9.2.2 通晓接待知识，对房型设计、会议室布置、重大接待、旅游团队具有深刻认识。

9.2.3 熟练掌握客房服务管理、客房服务服务和控制的专业理论、实践知识，对客房服务管理具有较深见解和实践经验。

9.2.4 熟悉前厅客房服务经营管理的基本知识和相关法律知识。

9.2.5 有一定的美学知识，懂得色彩搭配和特殊房型设计艺术，具有美学鉴赏能力。

9.2.6 具有一定的人文知识，了解我国主要民族的宗教信仰、风俗习惯、礼仪和饮食禁忌，在前厅客房接待服务方面做出过突出贡献。

9.2.7 在市、省级以上（包括市、省级）期刊上公开发表过五篇以上（含五篇）的专业文章或出版过客房服务服务专著。

9.3 技术要求

9.3.1 设计主题房型技艺精湛，精通旅游知识和接待知识。

9.3.2 实践经验丰富，对本店或地区旅游、宾馆发展做出过突出贡献，在当地客房服务服务界中德高望重，在全国客房服务服务界有较高的威望。

9.3.3 在全国、全省或国际客房服务服务技术交流竞赛活动中，成绩优异，获得过两次以上（含两次）金奖，或在全国客房服务业技术交流竞赛活动中担任过两次以上（含两次）评委，或在历届全国或全省客房服务服务技术比赛中担任过评委。

9.3.4 对品牌饭店企业的形成和发展做出过突出贡献。参与制定过国家级、或省级重大接待不少于8次以上。

9.3.5 具有很强的创新能力，有公认的或权威机构认可、并受市场欢迎的特色房型设计不少于十种。

9.3.6 具有指导和培养客房服务服务名师或高级客房服务师的知识和技术能力。

9.4 其他要求

有一定的计算机应用能力，熟练使用现代化厨房设备，掌握专业外语知识。

10 名师、大师认定程序

10.1 认定原则

认定青海省烹饪、拉面名师、大师、餐饮服务名师、大师、客房名师、大师的工作将坚持遵照“自愿申请、统一组织、属地认定、专家评审、网上公示、接受监督、协会批准”的原则进行运作，认定将与各市餐饮（烹饪、饭店）协会实行合作。

10.2 认定组织

10.2.1 由省餐饮行业协会统一组织专家评审团负责对青海省烹饪、拉面名师、大师，餐饮服务名师、大师，客房名师、大师考核认定。

10.2.2 由协会秘书处负责认定，负责现场认定工作。

10.3 认定内容

基本条件 40 分；技艺展示 30 分；理论测试 30 分。

10.4 报名及索要认定资料

申报人员向青海省餐饮行业协会秘书处报名。

10.5 基本条件认定

10.5.1 申报人员须认真填写《青海省名师、大师申请表》（见附表1）并送至或邮寄至青海省餐饮行业店协会秘书处。

10.5.2 申报人员在报送上述表格的同时，须提供如下内容的原件或复印件（已提供的请在“□”内打钩）：

10.5.3 省餐饮行业协会秘书处整理、汇总、审查申报人员的报表和材料，保证申报材料的真实性和准确性；再由相关专家在报表中签署审查意见之后，将所有申报材料报至协会

评审组审定。

10.6　现场认定

10.6.1　技艺展示

10.6.1.1　申报人员在申报前填写《自选作品质量呈报单》（见附表2），并报至省餐饮行业协会秘书处。

10.6.1.2　由各地协会行业配合青海省餐饮行业协会组织现场认定，每位申报人员在现场制作自选菜点和拉面作品各2道/6人量（完成时限为1小时。原辅料（国家禁止使用的原材料除外）、成熟方法等均不限。菜点应从色、香、味、型等方面充分体现参加申报人员的技艺水平。）或自选餐台设计1张（要突出主题，有插花，时间为30分钟）、自选房型布置设计1间（包括房间茶几插花、物品布置、用品色调搭配等，时间30分钟）。

10.6.1.3　申报人员做产品展示介绍；由评委点评。

10.6.2　物料准备

10.6.2.1　现场提供材料

烹饪场地：基本烹饪器具、常用调味料、常用盛器（汤碗、小勺、平盘等）。

餐饮场地：包间一间，餐桌一张、和面案板、煮面锅等。

客房场地：标准间或单间、套件一间，基本卧具、饮具、家具

10.6.2.2　申报人自备：除认定现场准备外，一律自备。

10.6.3　现场要求

10.6.3.1　省餐饮行业协会秘书处编制《认定现场检录表》，由认定组进行检录，申报人员必须按时检录，并按检录时编排的顺序逐一进入技艺展示现场。

10.6.3.2　申报人员应服从现场监理人员的指挥。现场监理员验料、验证后，申报人员开始进行操作，现场监理员记录操作时间和现场情况，发现违规行为即行记录，报告认定组处理：有一般违规行为为扣除1~3分；有严重违规行为取消认定资格；在规定时限内未完成操作内容，每超时10分钟扣1分。

10.6.3.3　申报人员在规定时限内完成操作内容后，向现场监理员示意后，即随离开操作现场，按序进入认定现场，要做到“人不离菜，菜不离人，操作不离人”。

10.7　理论测试

10.7.1　申报人员再通知考核前一周，烹饪开列一桌宴席或一次宴请活动的菜单并编写宴席说明，餐饮开列主题宴会菜单、设计用品、说明等，客房开列主题房型设计清单、说明、用品等并报至省餐饮行业协会秘书处。

内容应包括：主题、特色、构成、方法、文化内涵等内容。同时提供照片。

要求：突出个性与特色，字数不限（制作光盘并用A4纸4号宋体打印）。

10.7.2　后，由省饮行业协会组织专家提问申报人员现场答辩。

（1）认定组按照《认定现场检录表》进行检录，申报人员必须按时检录，并按检录时

编排的顺序逐一进入测试现场。

（2）认定组提出题目提问

答辩题目一：针对自报的内容，考察专业知识；

答辩题目二：随即抽取公共题目，考察基础知识。

10.8 认定结果

10.8.1 认定师现场评分后，由认定组提出书面意见。

10.8.2 依据青海省名师、大师认定条件，根据申报人员的基本条件、技艺展示和理论测试的各项得分，认定组得出综合成绩报青海省餐饮行业协会。

10.8.3 由省餐饮行业协会协会确定初步认定结果，在省餐饮行业协会网上进行为期15天公示，接受社会意见反馈。

10.8.4 由省餐饮行业协会以正式文件形式公布批准授予各类别青海名师、大师称号的人员，并颁发证书。

了解青海

青海省是中华人民共和国省级行政区，为我国青藏高原上的重要省份之一，因境内有全国最大的内陆咸水湖——青海湖，而得省名。青海省简称青，是长江、黄河、澜沧江的发源地，被誉为“江河源头”“中华水塔”。

一、青海省简介

青海古称西海、鲜水海、卑禾羌海，自十六国时期称青海。藏语称错温波，蒙古语称库库诺尔，均意为青色的湖。古为西戎地，汉为西羌地。西汉后期曾于湖北岸置西海郡，隋朝时北部是中国领土，1242 年全部并入蒙古大汗国，蒙古大汗国后成为元朝，从元朝开始时全部是中国领土，其土地属宣政院管辖；明属朵甘都司等；清朝初为卫藏地，后分设西宁办事大臣，又称青海办事大臣，为青海得名的开始；中华民国初设青海办事长官，后属甘边宁海镇守使，之后建青海省，省名至今未变。1928 年设青海省，省会西宁，位于我国西北地区，地处青藏高原东北部，面积 72.23 万平方千米，东西长 1 200 多千米，南北宽 800 多千米，青海全省辖 2 个地级市，6 个自治州，5 个市辖区、3 个县级市、7 个自治县。与甘肃、四川、西藏自治区、新疆维吾尔自治区接壤。青海东部素有“天河锁钥”“海藏咽喉”“金城屏障”“西域之冲”和“玉塞咽喉”等称谓，可见地理位置之重要。2016 年年末全省常住人口 593.46 万人，有汉、藏、回、撒拉、蒙古、哈萨克等民族。

青海地处青藏高原东北部，西高东低，西北高中间低，地形复杂多样，形成了独具特色的高原大陆性气候，日照时间长，空气稀薄，大部分地区海拔在 3 000~5 000 米，为长江、黄河、澜沧江等大河的发源地。

青海的宗教主要有藏传佛教（喇嘛教）、伊斯兰教和基督教。藏族、蒙古族、土族信仰藏传佛教，回族、撒拉族信仰伊斯兰教。

青海属大陆性高原气候，温差大、日照长、降水少。农业以小麦、青稞、蚕豆、马铃薯、油菜为主。日月山以西为牧业区，属高原牧区，牧区内草原广袤，牧草丰美，是我国著名的四大牧区之一。

该省还是国家重点自然保护区，有野生动物 250 多种，其中属国家一类保护动物有野骆驼、野牦牛、野驴藏羚、盘羊、白唇鹿、雪豹、黑劲鹤、苏门铃、黑鹤等 10 种，有牦牛 500 多万头。

境内山脉高耸，地形多样，河流纵横，湖泊棋布。巍巍昆仑山横贯中部，唐古拉山峙立于南，祁连山矗立于北，茫茫草原起伏绵延柴达木盆地浩瀚无垠。长江、黄河之源头在青海，中国最大的内陆高原咸水湖也在青海。

三江源地区位于我国的西部、青藏高原的腹地、青海省南部，为长江、黄河和澜沧江的源头汇水区。地理位置为31° 39'~36° 12'N，89° 45'~102° 23'E，行政区域涉及包括玉树、果洛、海南、黄南四个藏族自治州的16个县和格尔木的唐古拉乡，总面积为30.25万平方千米，约占青海省总面积的43%。

远看是高山，近看似平川——游客如此勾勒青藏地貌，那是从飞机上鸟瞰所得印象。飞机飞近横亘于甘肃与青海间的祁连山时，看到这千尺绝壁的高山会感到惊讶；飞机越过界山后的起伏山地，却见大片的青海湖，以及辽阔的柴达木盆地（面积大约27万平方千米），使人难于置信这是高原上的平川。再往南飞，昆仑山脉、巴颜喀拉山脉、唐古拉山脉自西逶迤，看似高出地面不过500~1 000米的缓坡，起伏于高原之上。山脚谷地是一片草原景色，要不是高达雪线（海拔4 000米）以上的雪峰，像大海上的白头浪花漫卷在高原之上，也许会把那片草原当作沿海平原上的低矮丘陵地。 高原上的山岭虽然不见高耸千仞，却是雪线以上的冰川雪峰，冰雪融化成的雪水，长年渗进草甸下漫流，聚成沼泽，汇成溪流，再汇百川而成黄河、长江。黄河水像摇篮似的抚育中华民族；长江水则滋润中原大地。

青海资源十分丰富，许多矿藏储量在全国居于首位。已发现矿产120余种，探明储量的有110种，钾、钠、镁、锂、溴、芒硝、石棉、化工灰岩和硅储量居全国第一位，其中许多矿产是属于国内外急需的资源。闻名遐迩的柴达木盆地，山川藏珍、戈壁埋矿，素有“聚宝盆”之美誉。其中盐湖有30多个，已探明总储量700亿吨，单是察尔汗湖的盐就可以从地球到月亮架起一座6米厚，12米宽的盐桥。水能资源是青海能源最大的优势，蕴藏量达2165万千瓦，可开发利用的为1 800万千瓦，年发电量770亿度。青海天然草原辽阔，是我国五大牧区之一，可利用草场面积5亿亩，发展畜牧业物质基础雄厚。全省有经济动物400多种，野生植物1 000余种，具有贮藏量大、种类多、用途广、高原特色显著的特点。大部分可开发利用，药用价值极高。旅游资源也相当丰富，有“百鸟的王国”的青海湖鸟岛，“高原的西双版纳”孟达自然保护区，藏传佛教著名寺院湟中塔尔寺，伊斯兰教西北四大清真寺之一的东关大寺，阿尼玛卿大雪山等，是登山、旅游的好去处。“海藏咽喉”的日月山和全国最大的人工水库龙羊峡、都兰国际狩猎场、坎布拉森林公园等旅游景点将成为新的经济增长点。

青海省先后设立了以资源开发和综合利用为重点的格尔木经济开发区，以发展高新技术产业为重点的西宁桥头经济开发区和民和民族经济改革试验区，并制定了一系列优惠政策。

粮食作物主要有小麦、青稞、蚕豆、豌豆等，经济作物以油菜籽为主，畜产品主要有牛羊肉、羊毛、羊绒、牛毛绒、驼毛绒、牛奶等，工业主要产品有电力、原油、原盐、原煤、钢及钢材、铝锭、电解镁、纯硅、石棉、钾肥、金属切割机床、水泥、石棉制品、纱、乳制品、布、呢绒、毛线、毛毯、皮革等。

青海交通非常便利，航空、铁路、公路四通八达，前瞻二十一世纪，西部大开发将成为中国经济发展的最强音，青海经济也将驶入加快发展的轨道。进军鼓响，号角频催，青

海各族人民正踌躇满志，描绘一个更加光辉灿烂的新青海。

2016年年末全省常住人口593.46万人。分城乡看，城镇人口306.40万人，乡村人口287.06万人，分性别看，男性人口302.43万人；女性人口291.03万人。全年出生人口86 869万人，出生率为14.70‰，全年死亡人口3.652 0万人，死亡率为6.18‰。全年自然增加入口5.034 9万人，比上年减少0.22万人，人口自然增长率为8.52‰，比上年下降0.45个千分点，迁入17 544人，迁入率0.3%，迁出14 328人，迁出率0.25%。

2016年年末全省就业人员303.93万人。其中，城镇就业人员103.35万人，比上年增加5.29万人，增长5.4%。城镇登记失业率为3.9%，实现了控制在4.5%以内的预定目标。

青海省是个多民族聚居的省份，主要有汉、藏、其他有回、蒙古、土、撒拉等全国所有56个民族中的54个，到2008年末，常住人口554.3万人，其中少数民族人口占42.8%，234.4万人。

地理概况 雄踞"世界屋脊"的青海省是个神秘而诱人的地方，她仿佛是一块未经雕琢的玉石，粗拙中透出珠光宝气，平静中显出神奇风采。

青海省，简称青，位于青藏高原东北部，31° 40′ ~39° 19′ N / 89° 35′ ~ 103° 04′ E。东西长1 200千米，南北宽800千米，面积72.12万平方千米。境内山脉高耸，地形多样，河流纵横，湖泊棋布。巍巍昆仑山横贯中部，唐古拉山峙立于南，祁连山矗立于北，茫茫草原起伏绵延，柴达木盆地浩瀚无限。长江、黄河之源头在青海，因域内有中国最大的内陆高原咸水湖—青海湖，而得名"青海"。

无论是前往新疆还是西藏、敦煌还是拉萨，青海是人们去往西部旅游时的必经之地，那里大部分土地都是戈壁和雪山，不适合于人居住。但是青海的人文资源和地理资源都十分的丰富，至今仍是登山者的乐园，勇敢者的天堂。

青海是新疆与西藏的融合，有"世界屋脊"的美称。青海东部素有"天河锁钥""海藏咽喉""金城屏障""西域之冲"和"玉塞咽喉"等称谓，可见地理位置之重要。

青海省一大半的工业产值和人口居住在首府西宁，西宁成为青海省的地理中心。青海的地形大势是盆地、高山和河谷相间分布的高原。它是"世界屋脊"青藏高原的一部分，称为青南高原。

长江源 长江全长6 380千米，也就是世界第四大河、世界第三长河。它的源头是位于青海省南部唐古拉山脉主峰格拉丹东大冰峰。

人类于1979年发现长江的正源是沱沱河。长江源头的景观十分壮丽，雪山冰峰，无垠的草地，蓝天白云倒映在河水中，构成了令人心旷神怡的美景。

从青藏公路入藏，会经过江泽民同志题写的"长江源"碑刻。该石碑离开公路有1千米左右的路程，车开过去相当方便。石碑附近还有一座大桥，因为它是长江从上游算起的第一座桥，因而被称为"长江第一桥"。

黄河源 黄河源位于青海的腹地。在腹地上有昆仑山，巴颜喀拉山，布尔汉布山；山下有盆地，大片沼泽，是高山雪水形成的花海子，称为星宿海。但它还不是河源。后再经深入的查勘，又发现了三源：一是扎曲，二是约古宗列曲，三是卡日曲。扎曲一年之中大部分时间干涸，而卡日曲最长，流域面积也最大，在旱季也不干涸，是黄河的正源。

青海湖 位于青藏高原上，在青海高原东北部，距西宁 150 千米，面积 4 500 平方千米，海拔 3 200 米，日月山、大通山和起伏连绵的青海南山环抱着的高原湖泊——青海湖，湖水冰冷且盐份很高。青海湖蒙语叫“库库诺尔”，藏语叫“错温布”，即“青色的湖”的意思。

青海湖是我国最大的内陆湖泊，也是我国最大的咸水湖，面积 4 400 多平方千米，海拔 3 260 米比古城西宁还高出 1 000 多米，这里气候凉爽。即使在烈日炎炎的的盛夏，日平均温度一般都在 15℃左右，是理想的避暑胜地。青海湖蒙语叫“库库诺尔”，意思是“青蓝色的海子”，这里，“海”是“海子”的简称。是青藏高原不断隆起后幸存下来的。

地理地貌 境内除黄河湟水谷地及柴达木盆地等部分地区外，其余地区都在海拔 3 000 米以上，是世界屋脊的重要组成部分。

全省地形差异显著。东北部由阿尔金山、祁连山数列平行山脉和谷地组成，平均海拔 4 000 米以上，蕴藏着丰富的冰雪资源。位于达坂山和拉脊山之间的湟水谷地，海拔在 2 300 米左右，地表为深厚的黄土层，是本省主要的农业区。西北部的柴达木，是一个被阿尔金山、祁连山和昆仑山环绕的巨大盆地，海拔 600~3 000 米，东西长 800 千米，南北宽 200~300 千米，面积 20 万平方千米，盆地南部多为湖泊、沼泽、并以盐湖为主。“柴达木”在蒙古语中为“盐泽”之意。南部是以昆仑山为主体并占全省面积一半以上的青南高原，平均海拔 4 500 米以上。现已对外开放的阿尼玛卿峰（即玛积雪山），在果洛藏族自治州玛沁县境内，峰高 6 282 米。

河流山川：境内江河有流量在每秒 0.5 立方米以上的干支流 217 条，总长 1.9 万千米。较大的河流有黄河、通天河（长江上游）、扎曲（澜沧江上游）、湟水、大通河。黄河发源于巴颜喀拉山的北麓，长江发源于唐古拉山的主峰格拉丹东雪山西南侧。全省水力资源十分丰富，水力蕴藏量为 210 万千瓦，可供开发的水电站单机在 500 千瓦以上有 172 座，总装机容量 1 800 万千瓦，年发电量可达 770 亿千瓦小时，省内有湖泊 230 多个，总面积约 7136 平方千米，其中咸水湖 50 多个，淡水湖面积在 1 平方千米以上的有 52 个。我国第一大内陆湖——青海湖，海拔 3 200 米，是本省重要的渔业基地。察尔汉、茶卡、柯柯等盐湖蕴藏着极为丰富的盐化资源。

二、行政区划

现任青海省委书记王国生、省长王建军。1929 年 1 月，青海省正式建立。1950 年 1 月 1 日青海省人民政府成立。1949 年，新中国成立以来，青海省行政区经过多次调整，现辖 1 个地级市，1 个地区，6 个民族自治州，30 个县，7 个民族自治县，2 个州属市，4

个辖区，3个行政区。基层行政单位有：369个乡，34个民族乡，36个镇。

青海省行政区划

西宁市辖5个市辖区、2个县、1个自治县。市人民政府驻城中区。

城中区、城东区、城西区、城北区、城南新区、海湖新区、湟源县（城关镇）、湟中县（鲁沙尔镇）、大通回族土族自治县（桥头镇）。海东市：辖2个区、4个自治县。海东市委驻平安区。

平安区（平安镇）、乐都区（碾伯镇）、民和回族土族自治县（川口镇）、互助土族自治县（威远镇）、化隆回族自治县（巴燕镇）、循化撒拉族自治县（积石镇）

海北藏族自治州辖3个县、1个自治县。自治州人民政府驻海晏县。

海晏县（三角城镇）、祁连县（八宝镇）、刚察县（沙柳河镇）、门源回族自治县（浩门镇）

黄南藏族自治州 辖3个县，代管1个自治县。自治州人民政府驻同仁县。

同仁县（隆务镇）、泽库县（泽曲镇）、尖扎县（马克塘镇）、河南蒙古自治县（优干宁镇）

海南藏族自治州 辖5个县。自治州人民政府驻共和县。

共和县（恰卜恰镇）、同德县（尕巴松多镇）、贵德县（河阴镇）、兴海县（子科滩镇）、贵南县（茫曲镇）

果洛藏族自治州 辖6个县。自治州人民政府驻玛沁县。

玛沁县（大武镇）、班玛县（赛来塘镇）、甘德县（柯曲镇）达日县（吉迈镇）、久治县（智青松多镇）、玛多县（黄河乡）

玉树藏族自治州：辖6个县。自治州人民政府驻玉树县。

玉树县（结古镇）、杂多县（萨呼腾镇）、称多县（称文镇）、治多县（加吉博洛格镇）、囊谦县（香达镇）曲麻莱县（约改镇）

海西蒙古族藏族自治州辖2个县级市、3个县。自治州人民政府驻德令哈市。

德令哈市、格尔木市、乌兰县（希里沟镇）、天峻县（新源镇）、都兰县（察汗乌苏镇）。

青海地处内陆腹地，自然环境特殊，县级行政区划辖地面积大，但人口密度小，全省46个县（市区）中，15万人以下的37个，其中5万人以下的23个，玛多县仅万余人。

三、历史人文

早在远古时代，青海就有人类活动，最早生息在这块土地的是中国西部古老民族之一氐、羌族群。众多的古文化遗存表明，青海的开发至少已有6 000年的历史。夏商时期，部分羌人逐渐定居东部地区，开始进行农耕，随着中原地区先进生产技术的传入，农牧业有了一定发展，人口也逐渐增加。这部分羌人渐与华夏诸融合，成为后来的汉族。西汉元始四年（公元4年）王莽于湖北岸置西海郡，隋朝时北部是中国领土，大业五年（609

年）于伏俟城置西海郡，均为时不久即废。自晋至唐为吐谷浑所占，曾建都于湖西十五里伏俟城。龙朔三年（663 年）地入吐番。宋代为西番角斯罗所辖。公元 13 世纪，蒙古族进入青海，青海 1242 年全部并入蒙古大汗国，蒙古大汗国后成为元朝，从元朝开始时全部是中国领土，其土地属宣政院管辖；忽必烈继大汗位，元代有蒙古部落驻此，在河州设吐蕃等处宣慰使司、管辖青甘一带吐蕃部落。至元十八年（1281 年），设甘肃行中书省，辖西诸州和东北部的贵德州。明洪武五年（1372 年），改西州为西卫，下辖六千户所，以后又设“塞外四卫”：安定、阿端、曲先、罕东。孝宗弘治元年（1488 年），设西宁兵备道，直接管理蒙藏各部和西宁近地，“塞外四卫”由西宁卫遥控。明初在青海东部用的土汉官参设制度，几经演变，逐渐成为土司制度。在青南、川西设有朵甘行都指挥司。明正德四年（1509 年）后为东蒙古所据，史称西海蒙古。厄鲁特蒙古的和硕特部首领顾实汗于崇祯九年（1636 年）率部自乌鲁木齐一带移牧来此，史称青海蒙古，并控制卫藏。流居青海的蒙古人尚有喀尔喀、准噶尔、土尔扈特、辉特等部（见厄鲁特蒙古）。五部蒙古后渐分支派，总名十八家。清顺治十年（1653 年）封顾实汗为遵文行义敏慧顾实 。康熙三十六年（1697 年）顾实汗幼子达什巴图尔被封为亲王，其余蒙古贵族亦分别授予贝勒、贝子等爵号。雍正二年（1724 年），平定罗卜藏丹津叛乱后，年羹尧建议：青海蒙古仿内蒙古札萨克之例，划定游牧地界，统一分编为旗；原属诸番，另行安插，勿许蒙古管辖。三年分青海蒙古为二十九旗，每旗设札萨克一员，协理台吉一员，管旗章京、副章京、参领各一员；按一百五十户设一佐领，共计佐领一百零四个半，重定王公爵秩，颁授印信册诰；各旗首领每年祭海会盟一次届时钦差大臣莅临，处理各旗纠纷，奏选盟长；各旗王公、台吉分为 3 班，3 年 1 次，9 年 1 周，赴京朝见；每季仲月为各部与内地贸易之期，开日月山（后移至丹噶尔）、北川、洪水（今民乐）为集市，由官兵督守，禁止私入边墙。同时清查藏族各部户口，设立土司，以户口多少，分别封以百户、千户名号。蒙藏各部，统归钦差办理青海蒙古番子事务大臣（简称西宁办事大臣）管辖。从此，凡称青海者，意即指该大臣所辖各族地界。 光绪三十三年（1907 年）推行新政时，曾议改青海为行省，未果。辛亥革命后，西宁办事大臣改为青海办事长官。1915 年又改为蒙番宣慰使，由甘边宁海镇守使兼任。1926 年撤销上述二使，改称甘边诸海护军使。 1912 年北洋军阀政府任命马麒为西宁总兵，1915 年又任命其为蒙蕃宣慰使和甘边宁海镇守使。从此，马家军阀在国民党政府的支持下统治青海近 40 年。1929 年青海省正式成立。1949 年，中华人民共和国成立，落后、残酷的封建军阀统治被推翻，建立了新的民主政权。青海省，简称“青”，位于青藏高原东北部，为黄河、长江及澜沧江（湄公河）之源头。因境内有全中国最大的内陆咸水湖—青海湖而得名，省会是西宁市。据商朝甲骨文记载，青海自商朝商高宗武丁年间正式纳入中国版图。

青海史志 青海历史悠久，地处华夏民族的摇篮——黄河、长江的源头。早在距今二三万年前的旧石器时代晚期，青海先民即在今柴达木盆地、昆仑山一带活动生息。据考

古发掘，众多的古文化遗存证明，青海的开发至少已有五六千年的历史。省境内新石器时代文化灿烂辉煌 ，青海彩陶举世闻名。青海的古文化与羌人及其先民有关。古羌人活动地区很广，西起黄河源头，东到陇西地区，南达四川西部，北至新疆鄯善一带。秦汉时，羌人部落有 150 多个 ，每一部落有酋长，互不统属，过着逐水草而居的游牧生活，生产力低下，属原始社会形态 。商周时代形成了羌部落，史称“西羌”。据商朝甲骨文记载，商高宗武丁出兵征伐西羌，青海东部大片地区纳入商朝版图。西周时期，青海与中原地区发生了政治、经济联系。

从中国战国时代到汉朝，匈奴向南入侵几百次，屠杀平民，抢掠财物，严重破坏了中原的正常生活，汉朝被迫反击匈奴。汉武帝元狩二年（公元前 121 年），西汉王朝派骠骑将军霍去病出兵击败河西匈奴，设令居塞，并在河西设 4 郡。武帝元鼎六年（公元前 111 年），汉军征讨河湟羌人，在湟中设“护羌校尉”，开始经略湟中，筑西平亭（今西宁市）。从此，汉王朝开始了对青海东部的控制 。汉宣帝神爵元年（公元前 61 年），赵充国奉命平先零羌杨玉得胜后，罢兵田于河湟，设“金 城属国”，先后设置临羌（治所在今湟源县）、安夷（治所在今平安县）、破羌（治所在今乐都县）、允吾（治所在今民和县）、允街（治所在今甘肃省兰州市红古区）、河关（治所在今贵德县）7 县，青海东部地区正式纳入中原封建王朝郡县体系。三国时，魏文帝黄初三 年（222 年），凭依汉西平亭故城，修成西平郡城。古代青海东部属于中原王朝统治，汉时曾设西海郡、河源郡、湟源郡、金城郡，控制了今天的青海贵南、贵德以及西宁和湟源等地，还设立护 羌校尉。

东晋十六国时，前凉、前秦、后凉、南凉、西秦、西夏、北凉相继统治过青海河湟地区。

公元 7 世纪，松赞干布统一西藏高原，建立了吐蕃王朝。先后兼并了羊同、苏毗、白兰 、党项诸羌，尽得其地。唐“安史之乱”后，吐蕃进一步东进，控制了青海全境，统治近 200 年。五代十国青海吐蕃部落分散，不复统一。唐末，“嗢末”一度控制河湟地区。

宋时，角厮罗势力渐 强，以青唐城（今西宁）为中心，在河、湟、洮地区建立了以吐蕃为主体的宗咯地方政权，臣属于宋。徽宗初，角厮罗政权势力日衰，宋军遂进占河湟地区。崇宁三年（1103 年），宋改鄯州为西宁州，是“西宁”见于历史之始。北宋亡后，金和西夏占有河湟地区，约一个世纪。

公元 13 世纪，南宋理宗元庆三年（1227 年），成吉思汗进军洮、河、西宁州，青 海东部地区纳入蒙古汗国版图。忽必烈即位初，在河州设吐蕃等处宣慰使司都元帅府，管辖青、甘一带吐蕃部落。至元十八年（1281 年）设甘肃行中书省，辖西宁诸州。

明洪武六年（1371 年）改西宁州为卫，下辖 6 千户所。以后又设“塞外四卫”：安定、阿端、曲先、罕东（地当今海北州刚察西部至柴达木西部，南至格尔木，北达甘肃省祁 连山北麓地区）。孝宗弘治元年（1488 年），设西宁兵备道，直接管理蒙、藏各部和西宁近地，“塞外四卫”由西宁卫兼辖。明初青海东部实行土汉官参设制度。在青南、川西设 有朵甘行都指挥使司，又在今青海黄南州、海南州一带设必里卫、答思麻万户府等。

16世纪初，厄鲁特蒙古4部之一的和硕特部移牧青海，一度成为统治青海的民族。清雍正初年，罗卜藏丹津反清斗争失败后，清朝在青海设置青海办事大臣，统辖蒙古29旗和青南玉树地区、果洛地区及环湖地区的藏族部落。青海东北部西宁卫改为西宁府，仍沿袭明朝的土司制度，属甘肃省管辖。

1912年北洋军阀政府任命马麒为西宁总兵，1915年又任命其为蒙番宣慰使和甘边宁海镇守使。从此，马家军阀统治青海近40年。1928年9月5日，南京国民政府决 定新建青海省，治设西宁。1929年1月，青海省正式建制。1949年9月5日，西宁解放。1949年9月26日，青海省人民军政委员会宣告成立。1950年1月1日青海省人民政府正式组成，以西宁为省会。

历史名人 历史上曾在青海有较大影响和青海籍人士在全国较有影响的主要如下。

（1）著名政治家：战国初期河湟地区羌人首领无弋爰剑，南凉国主秃发乌孤，吐谷浑主吐谷浑、树洛干、阿豺，宋代宗咯藏族政权的缔造者角厮口罗，明朝进士张问仁，明末清初厄鲁特蒙古首领固始汗，清朝大臣杨应琚等。

（2）著名军事将领：西汉大将、著名军事家赵充国，西汉名将霍去病，东汉名将邓训，唐朝名将黑齿常之、哥舒翰，吐蕃大将尚婢婢、论恐热，北宋武将何灌、高永年，元驸马章吉，西宁王速来蛮，歧王脱脱机，明代武将李淳、柴国柱、刘敏宽等。

（3）著名文学家：元朝吐蕃喇嘛萨迦派领袖、语言文字学家八思加·洛哲尖赞，清代著名文学家、史学家、佛学家土观·罗桑曲吉尼玛，清代高僧、著名藏族诗人、作家夏嘎巴·措周仁卓，清代诗人吴木式、朱向芳等。

（4）著名艺术家：藏传佛教高僧、清初著名藏学家嘉木样·协贝多吉，清末文人、地理学家邓敏，清末平弦艺人李汉卿，清末书法家周光辉、张思宪等。

（5）著名科学家：唐初名医直鲁古，清代中医李世泰等。

（6）著名宗教人士：元代高僧、宗喀巴的启蒙教师曲结顿珠仁钦，撒拉族始祖尕勒莽，藏传佛教噶举派高僧三罗，藏传佛教格鲁派创始人、著名宗教改革家宗喀巴罗桑扎巴，藏传佛教格鲁派首领、三世达赖喇嘛索南嘉措，清代藏传佛教领袖之一、四世班禅额尔德尼·罗桑确吉坚赞，清代藏传佛教领袖之一、五世达赖喇嘛阿旺罗桑嘉措，中国伊斯兰教虎夫耶鲜门门宦道祖鲜美珍，清代藏传佛教领袖之一、七世达赖喇嘛噶桑嘉措，清代藏传佛教领袖之一、五世班禅额尔德尼·罗桑益希，中国伊斯兰教新教开创者马明心等。

（7）著名农民起义领袖：东汉羌酋滇零、“义从胡”首领北宫伯玉、韩遂，明末农民起义军首领贺锦等。

四、民族饮食文件

青海省分布着许多少数民族，在漫长的岁月中，青海的各个民族也逐渐形成了本族独特的风俗和习惯。单从饮食方面看，各个民族就表现出了不同的文化特点。这些民族的饮

食习惯差异是青海文化中与众不同的地方，下面就让我们一起看看青海各个民族的饮食文化。

汉族饮食习惯 汉族分布于青海各地，是青海省人数最多的民族。青海的汉族大部分是从内地迁来的。尽管这里的环境与内地大不相同，但汉族的饮食习惯基本与内地保持一致。当然，青海的汉族在长期演变过程中，饮食习惯也有了自己的特点。西宁市人口大多是新中国成立后从内地各省迁来的，南方人仍保持主食大米的传统，而北方人则喜食面食。

汉族主食中的白面制品，有馒头、饺子、面条、烙饼、酿皮子等各种花样，其食法同甘肃、陕西接近，口味偏酸辣。面条多采用抻拉法，可宽可细。最有特色的是当地的揪面片儿。青海人揪面片儿的技术很高，站得离锅远远的，揪出的面片不停地抛到沸水中，速度可与山西刀削面高手相媲美，而且面片儿大小、厚度也很均匀。

羊肉面片儿风味独特，食后令人难忘。青海人称锅盔为“焜锅”，藏族等民族也食，烙得很厚很大，外酥香，内松绵，耐存放。要切成四五厘米宽的长条儿食用。平川的农民认为白面食品不耐饥饿，还常常用白面同山区农民换杂粮吃。山区农民主食为杂粮，食法同北方各省农民近似。

藏族饮食习俗 青海省藏族大多聚居在海南藏族自治州、黄南藏族自治州、海北藏族自治州、海西蒙古族藏族自治州、果洛藏族自治州、玉树藏族自治州。以剽悍豪爽著称的藏族兄弟是古羌族的一支。他们长期生活在号称世界屋脊的青藏高原上，过着游牧生活。这里牧草丰茂，主要牲畜是牦牛和羊。农作物以耐寒抗旱的青稞为主。藏族的食物主要是牦牛奶、牛羊肉、糌粑等。食品的花样虽不算多，却有独特的民族风味。

奶食类：在青海藏区，牛奶常被用来煮奶茶、制酥油和做酸奶。酸奶有一种芳香的气味，不少老年人夏季以酸奶为主食，认为酸奶能使他们益寿延年。

肉食类：青海藏区居民只食偶蹄动物，禁食奇蹄类动物。至于栖息在江河湖泊中的鱼类，虽说无蹄无爪，但在传说中它们是属于龙家族的，也不能食用，据说吃鱼会招来意想不到的灾难。

牧民们烹制肉食的方法比较单一，主要是白煮，无烧、烤、煎、炸、炒之类的烹饪习惯。煮肉十分讲究火候，通常是将带骨头的大块肉投入锅中，用旺火煮开，滚沸一阵儿，捞出来就可以食用了。这种半熟的开锅肉，肉中见血，但吃起来鲜嫩不腻，越吃越香。

因为大块肉要用手抓着吃，所以当地把这种肉叫做“手抓”。吃的时候一手抓肉一手执刀，把肉片削下来吃。也常常用牙咬住肉，拿起小刀顺着嘴唇把肉割断，大口大口地咀嚼。初次目睹这种吃肉方式的汉族客人往往为之瞠目，担心他们会割破嘴唇。其实这种担心是不必要的，在青海藏区就连四五岁的孩子也会用这种方法吃肉。他们吃过肉的骨头，都刮得干干净净。藏族人不允许将未啃干净的骨头扔掉。

米面食品：大米和面粉是牧民们喜爱的粮食。他们除用大米熬奶粥、肉粥，用面粉做面片、饺子、烤饼和油炸饼外，还做一些颇具草原风味的食品，有：糌粑、仪贴（油搅团）、安多面片、面条等。还有雪吐（水油饼），卡什茨、曲什茨、郭勒洛洛，以上均为烤饼类。醒（酥酪糕）、折阔（大米汤）等，多在礼仪活动中食用。

青海藏区每年消费大量茶叶，牧民们可一日不吃饭，但不可一日无茶。其茶为砖茶，来自内地。藏区并不产酒，牧民们爱饮的青稞酒来自毗邻的城镇。藏民不分男女老幼对酒都有偏爱。青海藏区饮酒时不摆菜肴，不猜拳行令，而以歌伴酒，不用杯盏酒盅，而用平日饮茶的小碗，碗均为个人专用。

撒拉族饮食习俗 撒拉族是人口较少的民族之一。绝大多数聚居在青海省循化撒拉族自治县境内，其余分布在邻近的化隆回族自治县的甘都乡和甘肃省临夏回族自治州的一些地区。青海省西宁市和祁连、乌兰、贵德、同仁、兴海等县及新疆的一些地方，也有少量撒拉族人居住。

撒拉族自称“撒拉尔”，汉文史书中有“撒兰回回”“沙剌族”“撒拉回”“撒鲁儿”“萨喇”等称谓。至于撒拉族的来源等则无正式记载。根据一些史学家的研究和民间传说，撒拉族可能是古代来自中亚撒马尔罕一带的一个部族同青海省循化一带的藏、回、汉等民族长期融合后形成的一个民族。

传说他们的祖先赶着骆驼，驮着一部《古兰经》来到循化街子，只剩下 18 人（一说是 7 人）。因骆驼到此化为石头，遂定居于此，时间是明洪武三年（1370 年）农历五月十三日。但这仅是一个传说，实际年代应是比这更早的元代。撒拉族信仰伊斯兰教，他们的生活习惯，包括衣着、服饰、饮食、起居等，大致与当地回族相似，但在长期历史发展中，也形成了自己的一些特点。

撒拉族以务农为主。食用的粮食主要是小麦、青稞、荞麦。通常的吃法是做成馍馍、面条、散饭和搅团。散饭和搅团的做法，都是在沸水中撒面粉，搅成糊，只是搅团较稠些。吃搅团时，一般要另备汤菜和蒜、辣椒等调味料。每到农历六月，当青稞临近收割时吃“麦索儿”（即‘吃青’）。方法是将青稞穗头剪下，捆成小捆，用柴草火烤熟。然后搓出青稞仁即可食，也叫“控青稞”。

若将烤熟的麦仁磨成细粉，装进碗，浇上熟菜油，拌入蒜泥、油泼辣子、盐等，再配上拌菠菜等青菜，便成为麦索儿。不过，麦索儿要当天做当天吃，隔夜则变馊。面条制成雀舌状，极滑口。油香、馓子、焜锅饼、油搅团（以油拌面制成）也是撒拉族爱吃的面食。

撒拉族仍保留着牧民的许多饮食习俗，爱吃羊肉，尤其是手扒羊肉和羊肉火锅，还喜食酸奶，嗜好茯茶、麦茶和奶茶。同其他伊斯兰教信徒一样，也禁食猪肉和自死之动物。

回族饮食习俗 青海全省回族几乎遍布每个州和县，但绝大多数回族聚居在以西宁为中心的农业区各县。

回族平日一日三餐，按一般的饮食习俗，早餐是清茶、奶茶、馍馍，炒菜有粉条、洋

芋、酸菜和花菜。午餐是馍馍、煮洋芋、炒洋芋、盖碗茶（放有冰糖等）。晚餐经常是旗花面（放有洋芋、萝卜、酸菜、葱）、寸寸面、杂面巴烙、长面、豆面搅团、豆面散饭、羊肉面片、拉面、臊子面、扁食（饺子）。回族喜饮茶，茶具多是细瓷，很讲究。不饮酒。

土族饮食习俗 土族大多聚居在青海互助土族自治县和民和县、大通县。土族的称谓各地不一，青海省互助、大通和甘肃省天祝一带自称“蒙古尔”“蒙古尔孔”“察汗蒙古尔”。民和和三川地区则多自称“土昆”。甘肃省卓尼地区则多自称“土户家”。

尽管土族同蒙古族有血源关系，也有人认为土族系突厥人的后代，土族人民在漫长的生产和生活过程中，逐步形成了自己独特的风俗和习惯。其中还保留了不少早期畜牧业时代流传下来的古老风俗。土族由于长期同汉、藏、蒙古族交错杂居，互相通婚，在宗教信仰方面同藏族一致；而在政治、经济方面则向汉族学习，并使用汉文。在饮食习惯方面，不仅同蒙古族相似，而且深受汉、藏民族的影响。

土族人的祖先在青海东部地区定居下来后，最初以经营畜牧业为主，人们吃的是肉类和乳品，后转以农业生产为主，改以吃粮食为主。但在许多方面仍保留畜牧业时代的痕迹，如喜食羊肉和乳品。馍馍、面条等制法同汉族一样。土族还有自己一些较奇特的食品，如“沓呼日”“哈流”“哈力海”等。土族人还嗜茶喜酒。

土族人忌食圆蹄牲畜（马、骡、驴）的肉。其原因有的说是昔日唐僧取经白龙马驮经有功，为给白龙马报恩，所以不吃；有的说土族人供罗吉天王神（罗吉音近骡子），所以不吃；还有一种说法，吃了圆蹄牲畜的肉，来世转牲畜，不能投人胎了。由不吃圆蹄牲畜肉，也可以看出藏族饮食习俗对其影响之大。

土族的节日同当地汉族基本一致。土族人在不同的节日做不同花样的馍，吃不同花样的饭。诸多节日中，以春节、端午节、中秋节最为隆重。

土族人招待一般客人，先吃烘锅馍（即把发面团装在锅盒里，埋在草木灰火中烤熟的干饼），第二是喝茯茶，第三是上清油煎饼和牛奶茯茶。上不上菜、上什么菜没有什么讲究。一般情况下，都要请客人喝酒，一敬就是三大杯，杯子较大，而且要求喝干，这叫“吉祥如意三杯酒”。

实在不能喝酒的客人，用无名指蘸酒对空弹三下，也可以应付过去。但能喝酒的人不得假装成不能喝，如果让主人知道了会很不高兴。敬过酒后，则边饮酒边唱歌，宾主相互赞颂，热闹非常。客人启程前要吃长面条或面片，叫做启程面。客人出门时，主人托酒杯等候在大门口，向客人每人敬上三杯酒，叫做“上马三杯酒”。这样再加上主人在客人刚到门前时敬的“临门三杯酒”，一个客人至少要喝九杯酒。

如果招待的是贵宾，除了像上面说的那样敬酒外，桌上要摆一个装饰着酥油花的炒面盒子；在一个长 20 厘米、宽 14 厘米的木制方盘中，摆一块同木盘大小相当的肥肉，上插一把长约 16 厘米的刀子；在酒壶上要系一撮白色羊毛。土族人认为这是对贵宾最隆重的招待。土族人家待客，以青稞酒和肥肉块为重，只要有这两样，客人就满意了。

五、盐湖资源

盐湖主要集中与盆地中南部的大柴旦、格尔木地区、东部乌兰县内和西部冷湖地区。

盆地共有 27 个大中型盐湖，60 多个矿床，矿点。其中超过 100 亿吨的特大盐湖有两个，10 亿 ~100 亿吨的大型盐湖有 6 个，储量在几千万吨的小型盐湖遍地都是。盆地盐矿以液体矿为主，液固并存。博大的盐湖，盐矿等十几种矿种。目前盆地已发现大中型钾中有丰富的钠，钾，镁，锂，硼，溴，碘，铯镁盐矿产地十多处硼矿产地 18 处，锂矿 3 处，钠盐矿 12 处，其中察尔汗盐湖是全国最大钾镁盐矿床。

一里坪大型锂矿位于柴大目盆地中部，属于大型内陆盐湖晶间卤水矿床，锂矿储量 178 万吨。

青海境内盐湖资源丰富，因此，盐湖资源的开发和利用对青海经济的发展都具有重要的意义。目前青海省委，省政府已决定今后将以钠盐与钾盐开发为重点，加快钾，钠，硼，锂等资源综和开发利用盐化工业的发展，争取把柴达木建成全国最大的钾肥生产基地和盐化工基地。众多的项目等着您投资开发，众多的机遇等待您来把握。

六、旅游资源

青海自然风光雄奇壮美，具有青藏高原特色。距今 6 000~7 000 年前，古代先民们就繁衍生息在这片土地上。斗转星移，沧桑变换。以古墓群，古寺庙，古岩画，古城堡为特征的名胜古迹众多。汉、藏、回、蒙古、土、哈萨克、撒拉族等民族都有着悠久的历史和优秀的文化传统，保持着独特的，丰富多彩的民族风情和习俗。青海旅游资源丰富，类型繁多。

青海湖是中国最大的内陆咸水湖，面积 4 573 平方千米，湖面高出海平面 3 260 米，是泰山顶峰的 2 倍。湖水最深处为 32 米。湖中有鸟岛，海心山，海西山，三槐石和沙岛。可供游客游览。鸟岛在青海湖的西部，面积约 1 平方千米每年春季有约 10 万只从中国南方和东南亚以及印度半岛飞来的十多种候鸟在这里繁衍生息甚为壮观，其集群繁殖密度之大，为亚洲罕见。

孟达林区在循化撒拉族自治县境内，为国家级自然保护区。林区内古木参天，芳草没膝，山花烂漫，鸟雀啾啾，溪水潺潺。生长社热带，亚热带与温带植物 540 余种，被称为“青海高原的西双版纳”。位于群山环抱中的“天池”，面积 20 公顷，景色秀丽，气候宜人。塔尔寺位于距省会西宁西南 27 千米的湟中县鲁沙尔镇，是藏传佛教格鲁派六大寺院之一，黄教创始人宗喀巴的诞生地。建于明朝嘉靖三十九年，已有 400 多年历史。香火鼎盛，影响深远。全寺建筑格局与众不同由许多独立的佛塔，殿宇，经堂，僧舍组成，是藏汉结合式建筑群，占地 40 多公顷。大金瓦殿，小金瓦殿和大经堂金碧辉煌，光彩夺目，尤为著名。酥油花，堆绣，壁画誉为塔尔寺的艺术“三绝”。

长江、黄河均发源于青海境内。长江源头景色秀丽，几十米高的冰塔林耸入晴空，绵亘数十里，婉如座做水晶峰峦，千资百态。黄河源头风光宜人，水草丰美，湖泊，小溪星罗棋布，甚为壮观。黄河上游落差大水流急，适于探险性漂流。江河源头是探险，考察胜地，在这里你会领略到那袒露无遗而又神秘莫测的大自然之酶。

“万丈盐桥”是格尔木至敦煌的一段从达布逊湖上穿过的公路，15~18 米的盐盖构成天然的“盐桥”2 千米，折合市制可达万丈，因此人们称它“万丈盐桥”。桥上路面光洁平坦，山色湖光相映，景致很美，堪称举世无双。

都兰县境内有巴隆国际狩猎场，这里山峦起伏，草木茂盛，是野生动物理想的栖息场所。凡青海当地的野生动物，这里几乎都有。猎场面积 4 400 公顷。

阿尼玛卿山、昆仑山、新青峰是青海对外开放的三座山峰，平均海拔 5 000 米以上，冰峰峻峭，气势不凡吸引着众多登山爱好者。

青海是一个美丽而神奇的地方，是您旅游观光的胜地。青海境内更多的具有高原特色的旅游资源尚待进一步开发利用。

门票一览

西宁塔尔寺　80 元

青海湖码头（151）游船（游轮 30 分钟，有 40、50 元两种，区别是是否到海心山。）环保车　100 元

日月山　25 元　　　　循化孟达天池（含环保车）　70 元

鸟岛（旺季）　115 元　　淡季　75 元　　　　茶卡盐湖（含观光火车）　55 元

坎布拉风景区（含门票，游船，观光车）　130 元

南宗尼姑寺 20 黄河源头环保费 80 元 / 人 · 天

东关清真大寺　25 元　　　　北禅寺　5 元

青海省博物馆　免费

金银滩海北原子城（地下指挥中心，爆轰靶场，纪念碑）

同仁隆务寺　25 元　　　　同仁郭麻日寺　25 元

同仁黄南热贡艺术展览馆　35 元　　　　马公馆青海省民俗博物馆　35 元

门源县青石咀观景台　20 元　　　　同仁下吾屯寺　25 元

同仁上吾屯寺　25 元　　　　乐都柳湾彩陶博物馆　40 元

乐都瞿坛寺　40 元　　　　循化孟达天池（含环保车）　70 元

循化班禅故居　25 元　　　　贵德玉皇阁　50 元

互助北山国家森林公园　35 元

其他项目

祁连县桌尔山观景台　65 元　　　　黄河源头环保费　80 元

阿尼玛卿山环保费 100 元 / 人 · 天　　　　互助土族家访（含餐，民俗表演）　45 元

中国藏医药文化博物馆　60 元 / 人　　　　青海湖沙岛　70 元 / 人　环保车　20 元 / 人

最佳旅游时间 选择去青海旅行的最佳时间，主要应该从气候和当地的节庆活动这两方面考虑。气候方面来看，青海是典型的季节性旅游目的地，年平均气温低于0℃的地区几乎占了青海的一半。这里的冬季酷寒多风，尤其是青南高原又兼有高海拔缺氧的威胁，是绝对不适合旅行的。笔者所携带的数码相机及GPS就在－35℃的低温下开始罢工。另外柴达木盆地多风沙，冬春两季旅行者都不应前往。针对登山和溯源江源等等探险活动，则分别有自己的适合时节，在具体章节中会有相应介绍。

青海的主要节庆活动是花儿会、法会、纳顿节和各地旅游局举办的专题旅游活动。花儿会一般在每年6—7月间，也是青海最美的时节，旅游者尤其不应错过。

综上所述，青海的最佳旅游时间是短暂的夏季，即5—9月。5月中旬左右，草原渐渐泛起绿意，各种候鸟逐渐飞聚青海湖，冰消雪融，高原进入生机勃勃的时期。7月是青海的最热月，此时柴达木盆地的察尔汗地区，气温甚至可以达到36℃，而青海东部地区则温润凉爽，非常适合消夏，但这时候旅行者如果要去青海南部地区，如玉树或者五道梁、唐古拉山口等地点，仍要特别注意防寒。

夏季旅行的时候道路状况相对较好，但遇到集中降雨期，道路滑坡、山洪阻断等问题仍然会给旅行带来难以预料的麻烦。其他时间除了气温方面不适合旅行，景点风景视觉效果差，还有一些公交车减班次，停运，旅游服务设施撤点等因素。总之，决定出行前，对目的地做相应的了解是必要和理智的。

现在的青海7月底至8月初去，还可以看国际环青海湖公路自行车赛！

特色餐饮 青海的饮食口味具有浓郁的高原特色和民族风格，作到色、香、味、形都与各民族的古风乡俗，边塞风情融为一体。即使是一些源自内地的食品，在青海也经过创造和改良，融入以种浓厚的高原气息。

主要特点如下。

1. 以面食为主，可以分擀面类，揉面类、蒸面类、炸面类、团面类等等十几大类，其中尕面片、拉条子、馓子、糌粑等已是人们熟知的美食了。在去西宁的火车上，列车员沿车叫卖的西北风味酿皮子也是典型的青海小吃之一。它与我在内地所吃的叫同样名字的东西，完全不同，从“长相”到口感，这里的酿皮色深、肥厚、韧劲十足，它有一种特殊的味道，据当地人说，是加了一种只产于青海的植物碱，浇上各种调料，还有用草果泡制的醋，我保证，你回到内地后，一定会对它念念不忘的。

2. 又由于青海是畜牧业较发达的地方，牛羊肉类和奶制品也很多。到青海的小地方旅行更能品尝到正宗的高原菜肴。青海省的牦牛、藏绵羊、普尔山羊等，它们品尝的是草原鲜美的水草和无色的繁花，和各种草药佐料，肉质也就更加香美、营养丰富、并且绝无污染，只只都是制作手抓肉的上品。还有用牛羊的肚、脑、肠、蹄，制作的杂碎汤，喝上一碗不但可以获得抵御严寒的热量，也清香可口，绝对解馋。街头的烤肉、烤羊筋、清汤羊肚……扑面的热气，扑鼻的香气，都让你完全遗忘了自己拼命减肥的誓言。

3. 至于奶制品，首推青海酸奶，与内地酸奶不同，这里的酸奶浓厚的要用勺子来吃，上面凝结着一层厚厚的奶皮，它的香醇鲜嫩非同凡响，在西宁的小吃巷口就可以品尝到，但要品尝真正的“饕餮级”的酸奶是一定要深入牧区，到牧民家里去发掘……另外还有奶茶、曲拉、酥油等，都是你来青海必一尝为快的，更难得的是，这些都不是什么宫廷小吃，而是寻常百姓的日常食品。

4. 提到青海的菜肴口味，多以鲜辣见长，青海省循化撒拉族自治县出产的线辣椒，是我国的优质农产品，用青海省门源县出产的青油“泼”出的循化辣椒粉，是当地餐桌的必备食品。在青海品尝小吃，老板都会问“辣子咋放？”，考虑好再回答哦。

5. 近年来，四川风味也向进军其他城市一样，大举进入了青海，川菜馆在玛沁、五道梁这样的偏远之地，依然可见踪影。尤其是在西宁、格尔木等地，“麻辣烫”和那些“杭州小笼包”，或者“东北大饺子”等招牌很让你觉得亲切，一下子就打消了不习惯西北饮食的尴尬念头。

搅团：是青海民间普遍食用的小吃，做法新颖独到。在细腻的豆面中加入少量面粉，锅中水开后放少许咸盐，边搅动，边加豆面，直到干湿合适，主体就做好了。搅团的吃法有很多种，趁热用勺子挖一块放在碗里，用勺背压成凹形，调入事先备好的油泼辣子、蒜泥、醋等，再配以青海酸菜、豆角、萝卜，用筷子划成小块吃，这种典型的吃法叫“拌疙瘩”。

甜醅：把青海特产青稞捡净沙粒，碾去外皮，簸净，清水洗去杂质、麸皮，入锅煮熟，沥出冷却，将甜酒曲撒入调匀，入陶器密封，用棉被盖严，15℃左右恒温下发酵一段时间后开封食用。有点类似酒酿一类的食品，但更加醇香、甘甜，具有青稞特别的风味。有顺口溜唱道：“甜醅儿甜，娃娃阿爷含口水咽，一碗两碗开了个胃，三碗四碗顶一顿饭。”

酿皮：和陕西的擀面皮差不多，但比擀面皮厚很多，很好吃，里面有韭菜，当然不爱吃韭菜可以不放，但酿皮必须吃！

购物　青海不是商业很繁荣的地区，所以作为旅游最好在集市上购买民族风俗品，如昆仑彩石、孔雀翎、藏刀、铜酒壶。土族作为青海独特的古老民族，其织品、手工制品都具有极高的收藏价值。古代青海与内地文化交往遗留下许多文物，在西宁的集市上也可买到。

可以去水井巷，那里藏饰很全！

特色活动　花儿会：“花儿”是流行于青海、甘肃、宁夏地区的一种山歌型情歌，也是一种多民族的民歌，多是在田间劳动、山中放牧、赶车上路即兴顺口编唱。由于是情歌，某些年龄和场合是禁唱的。从某种意义上说，唱“花儿”是有季节性的。传统的花儿会，也多集中在秋收之前的农历 4 — 6 月。以其为主流已形成了群众性的文化娱乐活动的节日。

燃灯节：公元 1419 年藏历 10 月 25 日，一代宗师宗喀巴在甘丹寺圆寂。后来，每年这一天，整个藏族地区每家每户都点灯纪念这位伟大的佛教领袖。

八、气候环境

气候：青海属于高原大陆性气候，具有气温低、昼夜温差大、降雨少而集中、日照长、太阳辐射强等特点。但各地区气候又有明显差异，东部湟水谷地，年平均气温在2~9℃，无霜期为100~200天，年降雨量为250~550毫米，主要集中于7至9月，热量水份条件皆能满足一熟作物的要求。柴达木盆地年平均温度2~5℃，年降水量近200毫米，照长达3 000小时以上。东北部高山区和青南高原温度低，除祁连山、阿尔金山和江河源头以西的山地外，年降雨量一般在100~500毫米。

七、物产资源

水能资源 全省有270多条较大的河流，水量丰沛，水能储量在1万千瓦以上的河流就有108条，流经之处，山大沟深，落差集中，有水电站坝址178处，总装机容量2 166万千瓦，在国内居第5位，居西北之首。尤其是黄河上游从龙羊峡至寺沟峡的276千米河段上，水流落差大，地质条件好，淹没损失小，投资省，造价低，水电站单位造价比全国平均水平低20%~40%，初步规划可建设6座大型电站和7座中型电站，总装机1 100万千瓦，年发电量368亿千瓦时，是我国水能资源的“富矿”带。

盐湖资源 柴达木盆地有33个盐湖，已初步探明氯化钠储量3 263亿吨、氯化钾4.4亿吨、镁盐48.2亿吨、氯化锂1 392万吨、锶矿1 592万吨、芒硝68.6亿吨，上述储量均居全国第1位，其中氯化镁、氯化钾、氯化锂等储量均占全国已探明储量的90%以上。溴储量18万吨、硼矿1 157万吨，居全国第2位。盐湖资源不仅储量大，而且品位高、类型全、分布集中，资源组合好，开采条件优越。

石油天然气资源 主要分布在柴达木盆地西北部，目前共发现16个油田，6个气田。石油资源量达12亿多吨，已探明2.08亿吨；天然气资源量2 937亿立方米，已探明663.29亿立方米。

有色金属和黄金资源 储量较大的有铅115万吨、锌153万吨、铬23万吨。此外，镍、钴、钼、钨、锡、汞也有相当大的储量。岩金和砂金分布广泛，很有勘探和开发前途。

非金属矿产资源 全省共发现矿种36种，有5种列全国第1位。主要有石棉、石膏、石英、石灰岩、石墨等，其中石棉保有储量占全国的63%。

畜牧业资源 青海是中国五大牧区之一和重要的畜牧业生产基地，有5亿亩可利用草场，有各类牲畜2 300多万头，其中被称为“雪山之舟”的牦牛有500万头，接近全国的一半；绵羊1 400多万只，藏系羊所产“西宁毛”是上好的地毯原料。

高原野生动植物资源 全省仅陆栖脊椎动物就有270余种，经济兽类110种，鸟类294种，鱼类40余种；野生植物群落中已发现经济植物1 000余种，药用植物680余种，著名中药50多种。野生动植物中有许多是属于国家一、二类重点保护对象。

特产 青海省的特产有旱赖皮、黑紫羔皮、藏刀、冬虫夏草、贝母、鹿茸、沙果、雪莲、柴杞（柴达木枸杞）、青稞酒等。

民俗文化 青海是花儿的故乡，河湟花儿是西北花儿的精魂，最美的花儿是用三江最纯净的源头之水浇灌的圣洁之花。居住在这里的汉、藏、回、土、撒拉等各族群众，无论在田间耕作，山野放牧，外出打工或路途赶车，只要有闲暇时间，都要漫上几句悠扬的“花儿”。可以说，人人都有一副唱“花儿”、漫“少年”的金嗓子。青海农民唱起“花儿”，村里的张秀花、王富贵们就会泪水涟涟。花儿对青海人来说象每天的饮食一样普通。

花儿又名少年。花儿是产生于青海，并流行于青、甘、宁、新等地区的一种山歌，唱词浩繁，文学艺术价值较高，被人们称为西北之魂。花儿发源于临夏，由于流行的地区不同，加之在发展过程中受到西北各民族文化的影响，因此形成不同的流派和艺术风格，六盘山花儿就是其中的一种。回族群众喜爱花儿，是花儿的创造者、演唱者、继承者和传播者。花儿是心头肉，不唱由不得自家，可见回族对花儿的喜爱程度。流行于固原地区的花儿主要有两类：河州花儿和山花儿（俗称干花儿）。河州花儿委婉动听，基本调式和旋律有数十种，变体甚多。形式上有慢调和快调。慢调多为 4/4 拍或 6/8 拍，唱起来高亢、悠长，曲首曲间和句间多用衬句拖腔，旋律起伏大，上行多用四度调进，高音区多用假声。快调多为 2/4 拍或 3/8 拍，相对紧凑短小。河州花儿多为五声微调，在文学上自成体系。一般每首词由四句组成，前两句常用比兴，后两句切题。字数上单双交错，奇偶相间，不像一般民歌那么规整，故更加自由畅快。但是，固原回族多唱山花儿。山花儿在旋律上起伏较小，较多地应用五声羽调和角调，衬词衬句使用较少，段尾或句末用上滑音。在文学上除具有河州花儿的一些特征外，还派生出一些变体，有时也采用信天游或一般民谣体。演唱形式有自唱式和问答式。曲目无令之称，属抒情短歌。花儿音乐高亢、悠长、爽朗，民族风格和地方特色鲜明。不仅有绚丽多彩的音乐形象，而且有丰富的文学内容。反映生活、爱情、时政、劳动等内容。用比、兴、赋的艺术手法即兴演出。虽然大部分花儿的内容与爱情有关，但在歌颂纯真的爱和控诉封建礼教及社会丑恶现象给恋人造成生死苦难的同时，深刻反映了社会生活的各个方面，而且语言朴实、鲜明，比兴借喻优美，有比较高的文学欣赏和研究价值。20 世纪 80 年代，花儿的演唱形式已发展到花儿歌舞剧。

九、交通通信

青海省的车牌号码 青 A（西宁）、青 B（海东）、青 C（海北）、青 D（黄南）、青 E（海南州）、青F（果洛州）、青 G（玉树州）、青 H（海西州）。

铁路 现有铁路青藏铁路、兰青铁路。

铁路：兰新铁路第二双线（甘青段）、川青铁路、格敦铁路（格尔木—敦煌）、格库铁路（格尔木—库尔勒）、西张铁路（西宁—张掖）、格成铁路（格尔木—敦煌）、柳格铁路、哈木铁路（哈尔盖—木里）、茶都铁路、甘河支线铁路、西海支线铁路、锡铁山—鱼卡——一里坪铁路等。

根据《青海省铁路发展规划》，除目前在建的兰青铁路复线、青藏铁路西宁至格尔木段电气化改造外，青海省将建成西宁至成都铁路，形成青海与西南的便捷通道，铁路营业里程达到 1 913 千米；建成格尔木至库尔勒、格尔木到敦煌铁路，打通青海西出通道。同时，建成柳格铁路，形成兰新铁路与青藏铁路联络线，铁路营业里程达到 2 611 千米。届时，一个以兰青、青藏铁路为主体、辅以相应干支线、沟通省内大部分州地市的路网将会基本形成。

开工建设格尔木到敦煌、格尔木到库尔勒等铁路，必将改变西北五省区的铁路交通现状，拉近青海、西藏、新疆与东中部地区的距离。也就是说，青海西南北铁路纵横网络贯通之后，也将会形成以格尔木为枢纽的西部铁路网格局。这对于我省乃至整个西部地区来说，交通基础薄弱、铁路运力不足的压力将会得到极大的缓解。

根据《青海省地方铁路建设规划》，青海省将在未来 10 多年内建成 5 条地方铁路，总里程约 2 299 千米。5 条地方铁路建设主要突出服务于矿产资源开发和工业产品运输。地方铁路将与国家干线铁路相连接，为全省煤炭、盐湖、有色金属的开发利用创造良好的交通条件，促进加快省内工业化和城镇化步伐，使资源优势转化为经济优势。规划建设的地方铁路有：甘河支线铁路、西海支线铁路、哈尔盖至柴达尔至江仓至木里铁路、锡铁山至鱼卡至一里坪铁路、茶卡至都兰铁路，估计总投资 71.6 亿元。

公路 截至 2016 年年底，全省公路通车总里程达到 78.585 万千米，基本建成了全省“两横三纵三条路”的主骨架公路网。西部开发省际通道青海境内路段率先全部建成；除通往果洛州的二级公路正在改建外，其余五州一地都通了二级以上公路；县县通了油路；91.6% 的乡镇、56.95% 的建制村、牧委会通了公路，1 760 个村村道得到硬化，160 万农牧民群众走上了水泥硬化路。全省实现了县县通油路、乡乡通公路、行政村基本通公路的目标。

水路 青海省通航水域主要集中在青海湖、李家峡、龙羊峡、公伯峡、黄河上游贵德境内以及克鲁克湖等地区。至 2016 年年底，青海省黄河上游尕马羊曲至大河家桥段航道总里程 351.54 千米，青海湖有 6 条航线，里程约 190.07 千米。航道等级主要以六级为主。目前已通航里程近 317.74 千米。截至目前有各类船舶 124 艘，其中客船 53 艘，近 785 个客位。全省有五等及以上持证船员 174 名，已登记在册水运企业 7 户 2008 年完成水上客运量 21 万人次，周转量 226 万人千米。目前经过设计建设的码头有青海湖 151 码头、二郎剑码头、李家峡码头、贵德码头、龙羊峡码头等。

航空 现有机场：西宁曹家堡机场、格尔木机场、玉树巴塘机场。

规划中机场：花土沟机场、果洛大武机场、德令哈机场。

青海民用航空已开通西宁至北京、西安、广州、重庆、深圳、拉萨、南京、沈阳、呼和浩特、青岛、格尔木、成都、武汉、上海、杭州、乌鲁木齐等地的航班。青海现有西宁曹家堡机场、格尔木机场、玉树巴塘机场等，可起降大型或中型客机。民航通航里程 2008 年达到 32 149 千米；民航客运量到 2008 年年末达到了 46.87 万人；货运量到 2008

年达到 6 270.7 吨；客运周转量到 2016 年达到了 69 235.87 万人千米；货运周转量到 2016 年达到了 1 015.64 万吨千米，增长 506.8 倍。

“十二五”中后期，青海省民航有望形成以省会西宁为中心，连接省内 5 个支线机场，辐射全国大部分省会城市和主要旅游城市的航线网络新格局，并力争开通西宁至澳门等地区航线和多条国际航线。青海机场公司有关负责人介绍，西宁曹家堡机场二期扩建工程征地拆迁任务全面完成，省内其他 3 个支线机场的前期工作也取得了突破性进展。2022 年，旅客吞吐量有望达到 200 万人次，到“十二五”中后期，在现有西宁机场、格尔木机场、玉树机场的基础上，将新增花土沟机场、大武机场、德令哈机场等支线机场，基本实现青海支线机场整体布局。还将力争开通西宁至台北、西宁至澳门等地区航线。开通西宁至东京、西宁至首尔、西宁至中东各国的国际航线。2020 年前，青海机场旅客吞吐量有望达到 400 万人次。

其他运输 管道运输也是青海省现存的运输形式之一，60 年来，管道运输从无到有，迅速发展，现已铺设输油管道有 439 千米，截至 2008 年管道运输量达到了 201.84 万吨，管道输油周转量达到 81 311 万吨千米。

为了保证高寒山区少数民族的运输，60 年来，青海省委省政府制定了一系列发展交通运输的方针政策，使民间运输在青海省也起着一定的作用。牛车、马车承担着广大农牧区物资集散的任务。特别是牦牛在高寒山区是少数民族重要的运输工具。

如今，60 个春秋过去，各种运输方式纵横天地、贯通东西，为高速发展的青海经济铺设起有力的支撑骨架。青海省公路、铁路、民航基础设施日新月异，把高原大地装扮得更加壮丽，把青海经济腾飞、社会全面进步的道路打造得更加宽广坚实。多年来，青海公路、铁路、民航等构建的立体交通网络的发展，不仅缩短了与外界的距离，而且有力地促进了青海经济的建设。

通信 到 2016 年全省固定电话用户总数达到了 219.4 万户；宽带、无线村通、小灵通、电信、移动等从无到有，移动电话实现了电话从“摇着打”到如今的“走着打”。2016 年，全省电话普及率达到 86.5 部 / 百人，其中，固定电话普及率和移动电话普及率分别达到 21.7 部 / 百人和 44.9 部 / 百人。移动电话用户数达到了 347.2 万户，移动电话和固定电话总用户量达到 386.6 万户；从满足话音通讯的基本需求到如今的包罗万象的信息化需求。随着生活水平的不断提高，农村电话用户也在大幅度提高，到 2016 年达到 77 万户，已通固定电话的行政村也达到了 100%。

互联网从无到有，主体规模不断扩大，资源进一步提升。同时，互联网用户进一步向宽带接入方式转化，青海电信将实现移动、固话、宽带的全业务融合，截至 2016 年年底，全省互联网用户数达到 28.5 万户，其中：宽带接入用户数达到 29.3 万户，占互联网用户数的比重为 94.7%，互联网宽带接入用户数是拨号用户数的 19 倍。

十、其他

（1）普通本科院校：青海大学、青海师范大学、青海民族大学。

（2）高职（专科）院校：青海卫生职业技术学院、青海警官职业学院、青海畜牧兽医职业技术学院、青海交通职业技术学院、青海建筑职业技术学院。

（3）独立学院：青海大学昆仑学院。

世界上盐湖最集中的地区是青海，有盐湖 150 多个。

世界上最大的盐矿储地是柴达木盆地，储量约为 900 亿吨。

世界上天青石矿藏量最多的地方是青海茫崖地区，占全世界已探明储量的 60%。

世界上海拔最高的油田是柴达木盆地西北部的花土沟油田，最高的一口油井海拔为 3 260 米。

世界上海拔最高的铁路是青藏铁路。

世界上最高的铁路隧道是唐古拉山隧道。

世界上最高的公路是青藏公路。

世界上最高的公路桥梁是沱沱河桥。

世界上辖区面积最大的城市是格尔木市面积是 123 460 平方千米，世界上饲养牦牛最多的地区是青海，共有牦牛 500 多万头。

海拔亚洲第一世界第二的大坂山公路隧道。

中国河流发源最多的地区是青海的青南高原，素有“中华水塔”之称。

中国海拔最高的盆地是柴达木盆地。

中国最大的内陆咸水湖是青海湖，面积 4 500 多平方千米。

中国聚集鸟类最多的岛屿是青海湖的鸟岛。

中国出产冬虫夏草最多的地方是青海，其产量占全国总产量的 70%。

中国最大的盐湖是青海的察尔汗盐湖，面积多达 5 800 多平方千米。

中国海拔最高的拦河大坝是龙羊峡水电站大坝，坝高 178 米。

中国目前最大的人工湖是龙羊峡水库，库容 264 亿立方米。

中国海拔最高的兵站是唐古拉兵站，高达五千多米。

QHFS01—2017—0005

青海省人民政府办公厅文件

青政办〔2017〕41号

青海省人民政府办公厅
转发省人力资源社会保障厅等部门
关于进一步推动青海拉面经济发展促进就业创业
实施意见的通知

各市、自治州人民政府，省政府各委、办、厅、局：

省人力资源社会保障厅、省教育厅、省财政厅、省农牧厅、省商务厅、省金融办、省工商局《关于进一步推动青海拉面经济发展促进就业创业的实施意见》已经省政府同意，现转发给你

— 1 —

们，请认真组织实施。

青海省人民政府办公厅

2017年3月13日

（发至县人民政府）

— 2 —

关于进一步推动青海拉面经济发展促进就业创业的实施意见

省人力资源社会保障厅、省教育厅、省财政厅、
省农牧厅、省商务厅、省金融办、省工商局

为充分发挥拉面经济带动就业创业的示范引领作用，加速“青海拉面”扩面、提档、升级，推动拉面经济品牌化、特色化、连锁化发展，进一步促进全省农牧区劳动力转移就业创业，持续推动农牧民增收，结合我省实际，提出如下实施意见。

一、总体要求

（一）指导思想。深入贯彻落实习近平总书记“四个扎扎实实”重大要求和省委“四个转变”新思路，坚持以市场主导和政府引导相结合的原则，以促进农牧区劳动力转移就业创业和农牧民增收致富为目标，以提高“青海拉面”经济产业规模和市场竞争力为抓手，紧密结合脱贫攻坚工作，加大政策扶持力度，强化职业技能培训，建立健全服务体系，着力推动“青海拉面”提档扩面升级，努力打造和培育一批具有竞争优势的拉面品牌和龙头企业，树立和提升“青海拉面”的整体形象，引领农牧区富余劳动力积极投身拉面经济，推动全省就业创业工作。

（二）目标任务。发挥龙头企业带动作用，形成连锁经营模式，推动市场竞争力强的优质品牌融合、壮大、提升，在品牌培育推广、融资贷款、技能培训等方面重点给予政策和资金扶持。到2018年年底，力争使我省户籍人员开办的拉面店总数达到32万家，从业人员达到20万人以上，拉面经济及相关产业年经营收入达到200亿元以上；劳务输入输出地政府协同管理与行业自我管理相结合的管理机制基本建立；规划建设“青海拉面”产业孵化园。

（三）发展布局。巩固和提升青海拉面在省外的知名度和竞争力。以长三角、珠三角、京津冀地区为重点，扩大市场覆盖面，率先扶持发展一批品牌连锁示范店，引导和推动跨区域连锁经营和电商经营模式。引进现代企业管理制度和方式，规范经营管理，提升经营者管理水平。通过加快内部创新，实现提档升级，提高市场竞争力。商家自愿和政府引导相结合，推动拉面经济整合、融合式发展，实现规模化经营。鼓励和支持拉面经济走出国门，积极拓展境外市场。

二、政策措施

（四）推动拉面经济升级扩面。支持和引导拉面经济从业人员参加城镇职工养老保险和城镇居民医疗保险。对高校及大中专毕业生开办拉面店，在省内缴纳社会保险的，按实

际缴纳的养老、医疗、失业保险费给予 7 0 %的补贴，补贴期限 3 年。深化商事制度改革，简化登记方式，放宽经营场所登记要求。全面落实扶持小微企业发展、支持科技创新、促进就业、扶持创业等各项税收优惠政策。严格落实国家和省有关行政事业性收费优惠政策。扶持建立农畜产品物流配送基地，开辟拉面原料及青海土特产运销渠道，推动青海牛羊肉、高原食材、特色小吃外销。

（五）培育青海拉面优质品牌。鼓励引导经营者树立品牌意识，每年评选 80—100 家“青海拉面示范店”，每个示范店奖励 5 万元。鼓励经营者积极申报著名商标，对获得“中国驰名商标”“中华老字号”“国家地理标志保护产品”等称号的拉面店，一次性奖励 50 万元；对获得“青海省著名商标”“青海名牌”“青海老字号”等称号的拉面店，一次性奖励 10 万元。支持小微拉面店融合发展，培育一批带动农牧区劳动力转移就业能力强的拉面龙头企业。鼓励从业者发展连锁经营和电商经营，对加入品牌连锁经营的拉面店，采取“以奖代补”的方式奖励 2 万元。以青海拉面连锁、物流配送、职业技能培训、劳务派遣、产品研发为重点，规划建设“青海拉面”产业孵化园。鼓励加大新品研发、汤料升级、烹饪技艺、特色美食等创新力度，采取“以奖代补”方式，给予一定的资金支持。

（六）抓好技能培训提升。通过政府购买成果的方式，开展拉面烹饪技能、“拉面＋创业”培训。在经营户集中的地区，开展经营理念提升、连锁发展、IYB 等培训，并将法律基本知识培训纳入技能培训的内容。鼓励拉面店对新招本省籍员工开展技能实训，按照企业直培政策给予培训补贴。发挥行业组织作用，修订补充拉面技能培训教材。省内各职业院校要结合拉面经济发展实际，开设、充实与拉面经济发展相关的教学专业，做好职业院校相关专业毕业生职业技能鉴定服务，畅通毕业证和职业资格证“双证书”获取通道，促进拉面行业人员整体素质不断提升。

（七）建立健全服务体系。进一步加强驻外劳务办事机构建设，采取干部赴拉面经营重点省（市）挂职、交流的方式，帮扶驻外劳务站强化服务能力。鼓励事业单位专业技术人员离岗从事拉面行业服务，离岗 3 年内保留人事关系，工龄连续计算，与在岗人员同等享有职称评聘、岗位晋升、社会保险等权利。鼓励专业技术人员以技术入股的方式积极参与拉面店提档升级、增加收入。在全省范围内调剂公益性岗位人员从事拉面行业跟踪服务与管理。鼓励经营者建立商会和协会，制定行业标准和从业规范。创新公共服务供给模式，完善优化公平竞争环境，提供拉面供需、产业化经营、社会化服务体系建设等方面的服务。加强对转移就业人员的法律服务和法律援助力度，教育和引导拉面经营户及从业者遵守驻地的法律法规和规章制度，维护劳动者在劳动合同、工资支付、劳动安全卫生等方面的合法权益。各级教育部门要采取有效措施，切实解决外出从事拉面经济的创业人员子女回青后接受高中阶段的教育问题，在市、州范围内协调省外接受初中阶段教育的子女，在本市、州条件较好的高中接受教育，解决创业者的后顾之忧。

（八）加大资金支持力度。每年从省级创业促就业扶持资金中安排专项资金，主要用

于补充创业贷款担保基金、新开拉面店贷款贴息、“带薪在岗实训”、连锁化和电商经营奖补、拉面品牌宣传推广、驻外劳务机构建设、创业奖励培训补贴等。我省户籍在省外从事拉面经营的创业者，吸纳贫困人口3人以上就业可享受创业担保贷款优惠政策，按规定给予贴息。对从各类金融机构获得贷款用于拉面经济及其相关产业的给予贴息，贴息标准按照《青海省创业贷款担保基金管理办法》（青财社字〔2015〕1621号）执行。对在省内、省外登记注册拉面店的青海籍创业者，符合条件的给予首次创业补贴、创业一次性奖励，对吸纳青海籍人员就业的给予一次性创业岗位开发补贴，享受政策时间从2015年8月20日起算。金融机构要开发符合拉面经济特点的产品和服务，开辟“拉面经济”贷款绿色通道，缩短贷款审核放贷时间，期限控制在1个月以内。要进一步降低担保和反担保门槛。建立完善拉面从业者信用征集、评价和运用机制，将拉面经济发展较快的海东市所辖各县（区）统一按海东市的征信标准执行。海东市、西宁市要将拉面经济发展资金纳入财政预算，设立专项资金，进一步加大扶持力度，其他市州也要因地制宜采取切实有效措施推动拉面经济发展。

（九）着力助推扶贫攻坚。结合精准扶贫工作，鼓励和带动贫困家庭劳动力从事拉面经济脱贫致富。对建档立卡的贫困家庭开办拉面店、依法正常经营6个月以上，并吸纳贫困人口3人以上就业的经营户，一次性给予1万元的开业奖励。对进入机场、火车站开设拉面店，吸纳贫困人口5人以上就业的经营户，一次性给予5万元的奖励。选取有就业意愿、有劳动能力的建档立卡贫困人员，送至拉面店开展“带薪在岗实训”，实训期间工资由拉面店支付。对实训期满1年且具备相应技能的人员，一次性奖励5 000元，对拉面店（含带徒师傅）按带薪在岗实训人数每人给予7 000元奖励；第二年继续带薪在岗实训的人员，再给予5 000元奖励。“带薪在岗实训”奖励政策享受时间从2016年1月起算。

（十）大力开展宣传推介。做好青海拉面的宣传推广工作，制作青海拉面经济宣传片、公益广告，在省内外媒体播放。在拉面店设立宣传窗口，展示青海特产、播放宣传片、公益广告等，扩大“青海拉面”的社会影响力。依托省内主流媒体、中国（青海）国际清真食品用品展览会、青洽会、创业成果展、特色品牌商品展等大型推介平台，进一步提高“青海拉面”的知名度和美誉度。利用各单位门户网站，宣传青海拉面的相关信息，引导更多的城乡劳动者投身拉面经济。

三、保障措施

（十一）加强组织领导。各级政府要将支持青海拉面经济发展纳入重要议事日程，制定并细化工作任务，进一步明确责任主体、绩效考核、经费保障等措施，协调解决重点难点问题。要加强与劳务输出地政府部门的沟通联系，建立协调保障机制，积极争取支持，及时化解矛盾纠纷，保障务工人员权益，做好服务管理工作。各地要成立领导小组，督查政策落实情况，解决突出问题，建立完善政策落实、部门协同、监督检查、跟踪问效等联动机制。各有关部门要协同配合，按照职能分工积极做好资金扶持、创业贷款、工商登

记、税费减免、技能培训、劳务输出等相关工作，形成工作合力，共同支持青海拉面持续发展。

（十二）健全考核机制。各市（州）政府要将支持拉面发展列入本地区目标责任考核范围，明确考核内容，量化考核指标，兑现考核奖惩。各级人社、财政部门要加强就业专项资金年度绩效考评，督导省级创业促就业扶持资金用于拉面产业发展专项资金工作，落实拉面经营者创业补贴、一次性奖励、以奖代补等各类资金，要将考评结果在全省范围内进行通报。

（十三）制定配套措施。各市（州）要依据本意见，结合实际制定具体的实施细则和操作办法，进一步细化完善相关政策规定，加强驻外劳务服务机构力量，确保本意见的各项扶持措施落到实处。

本《意见》自 2017 年 4 月 1 日实施。

餐饮服务食品安全操作规范

目　录

1 总则

1.1 为指导餐饮服务提供者按照食品安全法律、法规、规章、规范性文件要求，落实食品安全主体责任，规范餐饮经营行为，提升食品安全管理能力，保证餐饮食品安全，制定本规范。

1.2 本规范适用于餐饮服务提供者包括餐饮服务经营者和单位食堂等主体的餐饮服务经营活动。

1.3 鼓励和支持餐饮服务提供者采用先进的食品安全管理方法，建立餐饮服务食品安全管理体系，提高食品安全管理水平。

1.4 鼓励餐饮服务提供者明示餐食的主要原料信息、餐食的数量或重量，开展“减油、减盐、减糖”行动，为消费者提供健康营养的餐食。

1.5 鼓励餐饮服务提供者降低一次性餐饮具的使用量。

1.6 鼓励餐饮服务提供者提示消费者开展光盘行动、减少浪费。

2 术语与定义

2.1 原料

指供加工制作食品所用的一切可食用或者饮用的物质。

2.2 半成品

指原料经初步或部分加工制作后，尚需进一步加工制作的食品，不包括贮存的已加工制作成成品的食品。

2.3 成品

指已制成的可直接食用或饮用的食品。

2.4 餐饮服务场所

指与食品加工制作、供应直接或间接相关的区域，包括食品处理区、就餐区和辅助区。

2.5 食品处理区

指贮存、加工制作食品及清洗消毒保洁餐用具（包括餐饮具、容器、工具等）等的区域。根据清洁程度的不同，可分为清洁操作区、准清洁操作区、一般操作区。

2.6 清洁操作区

指为防止食品受到污染，清洁程度要求较高的加工制作区域，包括专间、专用操作区。

2.7 专间

指处理或短时间存放直接入口食品的专用加工制作间，包括冷食间、生食间、裱花间、中央厨房和集体用餐配送单位的分装或包装间等。

2.8 专用操作区

指处理或短时间存放直接入口食品的专用加工制作区域，包括现榨果蔬汁加工制作

区、果蔬拼盘加工制作区、备餐区（指暂时放置、整理、分发成品的区域）等。

2.9 准清洁操作区

指清洁程度要求次于清洁操作区的加工制作区域，包括烹饪区、餐用具保洁区。

2.10 烹饪区

指对经过粗加工制作、切配的原料或半成品进行热加工制作的区域。

2.11 餐用具保洁区

指存放清洗消毒后的餐饮具和接触直接入口食品的容器、工具的区域。

2.12 一般操作区

指其他处理食品和餐用具的区域，包括粗加工制作区、切配区、餐用具清洗消毒区和食品库房等。

2.13 粗加工制作区

指对原料进行挑拣、整理、解冻、清洗、剔除不可食用部分等加工制作的区域。

2.14 切配区

指将粗加工制作后的原料，经过切割、称量、拼配等加工制作成为半成品的区域。

2.15 餐用具清洗消毒区

指清洗、消毒餐饮具和接触直接入口食品的容器、工具的区域。

2.16 就餐区

指供消费者就餐的区域。

2.17 辅助区

指办公室、更衣区、门厅、大堂休息厅、歌舞台、卫生间、非食品库房等非直接处理食品的区域。

2.18 中心温度

指块状食品或有容器存放的液态食品的中心部位的温度。

2.19 冷藏

指将原料、半成品、成品置于冰点以上较低温度下贮存的过程，冷藏环境温度的范围应在 0℃ ~8℃。

2.20 冷冻

指将原料、半成品、成品置于冰点温度以下，以保持冰冻状态贮存的过程，冷冻温度的范围宜低于 －12℃。

2.21 交叉污染

指食品、从业人员、工具、容器、设备、设施、环境之间生物性或化学性污染物的相互转移、扩散的过程。

2.22 分离

指通过在物品、设施、区域之间留有一定空间，而非通过设置物理阻断的方式进行

隔离。

2.23 分隔

指通过设置物理阻断如墙壁、屏障、遮罩等方式进行隔离。

2.24 特定餐饮服务提供者

指学校（含托幼机构）食堂、养老机构食堂、医疗机构食堂、中央厨房、集体用餐配送单位、连锁餐饮企业等。

2.25 高危易腐食品

指蛋白质或碳水化合物含量较高（通常酸碱度pH值大于4.6且水分活度Aw大于0.85），常温下容易腐败变质的食品。

2.26 现榨果蔬汁

指以新鲜水果、蔬菜为原料，经压榨、粉碎等方法现场加工制作的供消费者直接饮用的果蔬汁饮品，不包括采用浓浆、浓缩汁、果蔬粉调配而成的饮料。

2.27 现磨谷物类饮品

指以谷类、豆类等谷物为原料，经粉碎、研磨、煮制等方法现场加工制作的供消费者直接饮用的谷物饮品。

3 通用要求

3.1 场所及设施设备

3.1.1 具有与经营的食品品种、数量相适应的场所、设施、设备，且布局合理。

3.1.2 定期维护食品加工、贮存等设施、设备；定期清洗、校验保温设施及冷藏、冷冻设施。

3.2 原料控制

3.2.1 制定并实施食品、食品添加剂及食品相关产品控制要求，不得采购不符合食品安全标准的食品、食品添加剂及食品相关产品。

3.2.2 加工制作用水的水质符合GB 5749《生活饮用水卫生标准》规定。

3.3 加工制作

3.3.1 对原料采购至成品供应的全过程实施食品安全管理，并采取有效措施，避免交叉污染。

3.3.2 从业人员具备食品安全和质量意识，加工制作行为符合食品安全法律法规要求。

4 建筑场所与布局

4.1 选址与环境

4.1.1 应选择与经营的餐食相适应的场所，保持该场所环境清洁。

4.1.2 不得选择易受到污染的区域。应距离粪坑、污水池、暴露垃圾场（站）、旱厕等污染源25m以上，并位于粉尘、有害气体、放射性物质和其他扩散性污染源的影响范围外。

4.1.3 宜选择地面干燥、有给排水条件和电力供应的区域。

4.2 设计与布局

4.2.1 食品处理区应设置在室内，并采取有效措施，防止食品在存放和加工制作过程中受到污染。

4.2.2 按照原料进入、原料加工制作、半成品加工制作、成品供应的流程合理布局。

4.2.3 分开设置原料通道及入口、成品通道及出口、使用后餐饮具的回收通道及入口。无法分设时，应在不同时段分别运送原料、成品、使用后的餐饮具，或者使用无污染的方式覆盖运送成品。

4.2.4 设置独立隔间、区域或设施，存放清洁工具。专用于清洗清洁工具的区域或设施，其位置不会污染食品，并有明显的区分标识。

4.2.5 食品处理区加工制作食品时，如使用燃煤或木炭等固体燃料，炉灶应为隔墙烧火的外扒灰式。

4.2.6 饲养和宰杀畜禽等动物的区域，应位于餐饮服务场所外，并与餐饮服务场所保持适当距离。

4.3 建筑结构

建筑结构应采用适当的耐用材料建造，坚固耐用，易于维修、清洁或消毒，地面、墙面、门窗、天花板等建筑围护结构的设置应能避免有害生物侵入和栖息。

4.3.1 天花板

4.3.1.1 天花板的涂覆或装修材料无毒、无异味、不吸水、易清洁。天花板无裂缝、无破损，无霉斑、无灰尘积聚、无有害生物隐匿。

4.3.1.2 天花板宜距离地面2.5m以上。

4.3.1.3 食品处理区天花板的涂覆或装修材料耐高温、耐腐蚀。天花板与横梁或墙壁结合处宜有一定弧度。水蒸汽较多区域的天花板有适当坡度。清洁操作区、准清洁操作区及其他半成品、成品暴露区域的天花板平整。

4.3.2 墙壁

4.3.2.1 食品处理区墙壁的涂覆或铺设材料无毒、无异味、不透水。墙壁平滑、无裂缝、无破损，无霉斑、无积垢。

4.3.2.2 需经常冲洗的场所（包括粗加工制作、切配、烹饪和餐用具清洗消毒等场所，下同），应铺设1.5m以上、浅色、不吸水、易清洗的墙裙。各类专间的墙裙应铺设到墙顶。

4.3.3 门窗

4.3.3.1 食品处理区的门、窗闭合严密、无变形、无破损。与外界直接相通的门和可开启的窗，应设置易拆洗、不易生锈的防蝇纱网或空气幕。与外界直接相通的门能自动关闭。

4.3.3.2 需经常冲洗的场所及各类专间的门应坚固、不吸水、易清洗。

4.3.3.3 专间的门、窗闭合严密、无变形、无破损。专间的门能自动关闭。专间的窗户为封闭式（用于传递食品的除外）。专间内外运送食品的窗口应专用、可开闭，大小以可通

过运送食品的容器为准。

4.3.4地面

4.3.4.1　食品处理区地面的铺设材料应无毒、无异味、不透水、耐腐蚀。地面平整、无裂缝、无破损、无积水积垢。

4.3.4.2　清洁操作区不得设置明沟，地漏应能防止废弃物流入及浊气逸出。

4.3.4.3　就餐区不宜铺设地毯。如铺设地毯，应定期清洁，保持卫生。

5　设施设备

5.1　供水设施

5.1.1　食品加工制作用水的管道系统应引自生活饮用水主管道，与非饮用水（如冷却水、污水或废水等）的管道系统完全分离，不得有逆流或相互交接现象。

5.1.2　供水设施中使用的涉及饮用水卫生安全产品应符合国家相关规定。

5.2　排水设施

5.2.1　排水设施应通畅，便于清洁、维护。

5.2.2　需经常冲洗的场所和排水沟要有一定的排水坡度。排水沟内不得设置其他管路，侧面和底面接合处宜有一定弧度，并设有可拆卸的装置。

5.2.3　排水的流向宜由高清洁操作区流向低清洁操作区，并能防止污水逆流。

5.2.4　排水沟出口设有符合12.2.3条款要求的防止有害生物侵入的装置。

5.3　清洗消毒保洁设施

5.3.1　清洗、消毒、保洁设施设备应放置在专用区域，容量和数量应能满足加工制作和供餐需要。

5.3.2　食品工用具的清洗水池应与食品原料、清洁用具的清洗水池分开。采用化学消毒方法的，应设置接触直接入口食品的工用具的专用消毒水池。

5.3.3　各类水池应使用不透水材料（如不锈钢、陶瓷等）制成，不易积垢，易于清洁，并以明显标识标明其用途。

5.3.4　应设置存放消毒后餐用具的专用保洁设施，标识明显，易于清洁。

5.4　个人卫生设施和卫生间

5.4.1　洗手设施

5.4.1.1　食品处理区应设置足够数量的洗手设施，就餐区宜设置洗手设施。

5.4.1.2　洗手池应不透水，易清洁。

5.4.1.3　水龙头宜采用脚踏式、肘动式、感应式等非手触动式开关。宜设置热水器，提供温水。

5.4.1.4　洗手设施附近配备洗手液（皂）、消毒液、擦手纸、干手器等。从业人员专用洗手设施附近应有洗手方法标识。

5.4.1.5　洗手设施的排水设有防止逆流、有害生物侵入及臭味产生的装置。

5.4.2 卫生间

5.4.2.1 卫生间不得设置在食品处理区内。卫生间出入口不应直对食品处理区，不宜直对就餐区。卫生间与外界直接相通的门能自动关闭。

5.4.2.2 设置独立的排风装置，有照明；与外界直接相通的窗户设有易拆洗、不易生锈的防蝇纱网；墙壁、地面等的材料不吸水、不易积垢、易清洁；应设置冲水式便池，配备便刷。

5.4.2.3 应在出口附近设置洗手设施，洗手设施符合5.4.1条款要求。

5.4.2.4 排污管道与食品处理区排水管道分设，且设置有防臭气水封。排污口位于餐饮服务场所外。

5.4.3 更衣区

5.4.3.1 与食品处理区处于同一建筑物内，宜为独立隔间且位于食品处理区入口处。

5.4.3.2 设有足够大的更衣空间、足够数量的更衣设施（如更衣柜、挂钩、衣架等）。

5.5 照明设施

5.5.1 食品处理区应有充足的自然采光或人工照明设施，工作面的光照强度不得低于220lux，光源不得改变食品的感官颜色。其他场所的光照强度不宜低于110lux。

5.5.2 安装在暴露食品正上方的照明灯应有防护装置，避免照明灯爆裂后污染食品。

5.5.3 冷冻（藏）库应使用防爆灯。

5.6 通风排烟设施

5.6.1 食品处理区（冷冻库、冷藏库除外）和就餐区应保持空气流通。专间应设立独立的空调设施。应定期清洁消毒空调及通风设施。

5.6.2 产生油烟的设备上方，设置机械排风及油烟过滤装置，过滤器便于清洁、更换。

5.6.3 产生大量蒸汽的设备上方，设置机械排风排汽装置，并做好凝结水的引泄。

5.6.4 排气口设有易清洗、耐腐蚀并符合12.2.4条款要求的防止有害生物侵入的网罩。

5.7 库房及冷冻（藏）设施

5.7.1 根据食品贮存条件，设置相应的食品库房或存放场所，必要时设置冷冻库、冷藏库。

5.7.2 冷冻柜、冷藏柜有明显的区分标识。冷冻、冷藏柜（库）设有可正确显示内部温度的温度计，宜设置外显式温度计。

5.7.3 库房应设有通风、防潮及防止有害生物侵入的装置。

5.7.4 同一库房内贮存不同类别食品和非食品（如食品包装材料等），应分设存放区域，不同区域有明显的区分标识。

5.7.5 库房内应设置足够数量的存放架，其结构及位置能使贮存的食品和物品离墙离地，距离地面应在10cm以上，距离墙壁宜在10cm以上。

5.7.6 设有存放清洗消毒工具和洗涤剂、消毒剂等物品的独立隔间或区域。

5.8　加工制作设备设施

5.8.1　根据加工制作食品的需要，配备相应的设施、设备、容器、工具等。不得将加工制作食品的设施、设备、容器、工具用于与加工制作食品无关的用途。

5.8.2　设备的摆放位置，应便于操作、清洁、维护和减少交叉污染。固定安装的设备设施应安装牢固，与地面、墙壁无缝隙，或保留足够的清洁、维护空间。

5.8.3　设备、容器和工具与食品的接触面应平滑、无凹陷或裂缝，内部角落部位避免有尖角，便于清洁，防止聚积食品碎屑、污垢等。

6　原料（含食品添加剂和食品相关产品）管理

6.1　原料采购

6.1.1　选择的供货者应具有相关合法资质。

6.1.2　特定餐饮服务提供者应建立供货者评价和退出机制，对供货者的食品安全状况等进行评价，将符合食品安全管理要求的列入供货者名录，及时更换不符合要求的供货者。鼓励其他餐饮服务提供者建立供货者评价和退出机制。

6.1.3　特定餐饮服务提供者应自行或委托第三方机构定期对供货者食品安全状况进行现场评价。

6.1.4　鼓励建立固定的供货渠道，与固定供货者签订供货协议，明确各自的食品安全责任和义务。鼓励根据每种原料的安全特性、风险高低及预期用途，确定对其供货者的管控力度。

6.2　原料运输

6.2.1　运输前，对运输车辆或容器进行清洁，防止食品受到污染。运输过程中，做好防尘、防水，食品与非食品、不同类型的食品原料（动物性食品、植物性食品、水产品，下同）应分隔，食品包装完整、清洁，防止食品受到污染。

6.2.2　运输食品的温度、湿度应符合相关食品安全要求。

6.2.3　不得将食品与有毒有害物品混装运输，运输食品和运输有毒有害物品的车辆不得混用。

6.3　进货查验

6.3.1　随货证明文件查验

6.3.1.1　从食品生产者采购食品的，查验其食品生产许可证和产品合格证明文件等；采购食品添加剂、食品相关产品的，查验其营业执照和产品合格证明文件等。

6.3.1.2　从食品销售者（商场、超市、便利店等）采购食品的，查验其食品经营许可证等；采购食品添加剂、食品相关产品的，查验其营业执照等。

6.3.1.3　从食用农产品个体生产者直接采购食用农产品的，查验其有效身份证明。

6.3.1.4　从食用农产品生产企业和农民专业合作经济组织采购食用农产品的，查验其社会信用代码和产品合格证明文件。

6.3.1.5 从集中交易市场采购食用农产品的，索取并留存市场管理部门或经营者加盖公章（或负责人签字）的购货凭证。

6.3.1.6 采购畜禽肉类的，还应查验动物产品检疫合格证明；采购猪肉的，还应查验肉品品质检验合格证明。

6.3.1.7 实行统一配送经营方式的，可由企业总部统一查验供货者的相关资质证明及产品合格证明文件，留存每笔购物或送货凭证。各门店能及时查询、获取相关证明文件复印件或凭证。

6.3.1.8 采购食品、食品添加剂、食品相关产品的，应留存每笔购物或送货凭证。

6.3.2 入库查验和记录

6.3.2.1 外观查验

6.3.2.1.1 预包装食品的包装完整、清洁、无破损，标识与内容物一致。

6.3.2.1.2 冷冻食品无解冻后再次冷冻情形。

6.3.2.1.3 具有正常的感官性状。

6.3.2.1.4 食品标签标识符合相关要求。

6.3.2.1.5 食品在保质期内。

6.3.2.2 温度查验

6.3.2.2.1 查验期间，尽可能减少食品的温度变化。冷藏食品表面温度与标签标识的温度要求不得超过+3℃，冷冻食品表面温度不宜高于-9℃。

6.3.2.2.2 无具体要求且需冷冻或冷藏的食品，其温度可参考本规范附录M的相关温度要求。

6.4 原料贮存

6.4.1 分区、分架、分类、离墙、离地存放食品。

6.4.2 分隔或分离贮存不同类型的食品原料。

6.4.3 在散装食品（食用农产品除外）贮存位置，应标明食品的名称、生产日期或者生产批号、使用期限等内容，宜使用密闭容器贮存。

6.4.4 按照食品安全要求贮存原料。有明确的保存条件和保质期的，应按照保存条件和保质期贮存。保存条件、保质期不明确的及开封后的，应根据食品品种、加工制作方式、包装形式等针对性的确定适宜的保存条件（需冷藏冷冻的食品原料建议可参照附录M确定保存温度）和保存期限，并应建立严格的记录制度来保证不存放和使用超期食品或原料，防止食品腐败变质。

6.4.5 及时冷冻（藏）贮存采购的冷冻（藏）食品，减少食品的温度变化。

6.4.6 冷冻贮存食品前，宜分割食品，避免使用时反复解冻、冷冻。

6.4.7 冷冻（藏）贮存食品时，不宜堆积、挤压食品。

6.4.8 遵循先进、先出、先用的原则，使用食品原料、食品添加剂、食品相关产品。及时

清理腐败变质等感官性状异常、超过保质期等的食品原料、食品添加剂、食品相关产品。

7 加工制作

7.1 加工制作基本要求

7.1.1 加工制作的食品品种、数量与场所、设施、设备等条件相匹配。

7.1.2 加工制作食品过程中，应采取下列措施，避免食品受到交叉污染：

a）不同类型的食品原料、不同存在形式的食品（原料、半成品、成品，下同）分开存放，其盛放容器和加工制作工具分类管理、分开使用，定位存放；

b）接触食品的容器和工具不得直接放置在地面上或者接触不洁物；

c）食品处理区内不得从事可能污染食品的活动；

d）不得在辅助区（如卫生间、更衣区等）内加工制作食品、清洗消毒餐饮具；

e）餐饮服务场所内不得饲养和宰杀禽、畜等动物。

7.1.3 加工制作食品过程中，不得存在下列行为：

a）使用非食品原料加工制作食品；

b）在食品中添加食品添加剂以外的化学物质和其他可能危害人体健康的物质；

c）使用回收食品作为原料，再次加工制作食品；

d）使用超过保质期的食品、食品添加剂；

e）超范围、超限量使用食品添加剂；

f）使用腐败变质、油脂酸败、霉变生虫、污秽不洁、混有异物、掺假掺杂或者感官性状异常的食品、食品添加剂；

g）使用被包装材料、容器、运输工具等污染的食品、食品添加剂；

h）使用无标签的预包装食品、食品添加剂；

i）使用国家为防病等特殊需要明令禁止经营的食品（如织纹螺等）；

j）在食品中添加药品（按照传统既是食品又是中药材的物质除外）；

k）法律法规禁止的其他加工制作行为。

7.1.4 对国家法律法规明令禁止的食品及原料，应拒绝加工制作。

7.2 加工制作区域的使用

7.2.1 中央厨房和集体用餐配送单位的食品冷却、分装等应在专间内进行。

7.2.2 下列食品的加工制作应在专间内进行：

a）生食类食品；

b）裱花蛋糕；

c）冷食类食品（7.2.3 除外）。

7.2.3 下列加工制作既可在专间也可在专用操作区内进行：

a）备餐；

b）现榨果蔬汁、果蔬拼盘等的加工制作；

c）仅加工制作植物性冷食类食品（不含非发酵豆制品）；对预包装食品进行拆封、装盘、调味等简单加工制作后即供应的；调制供消费者直接食用的调味料。

7.2.4 学校（含托幼机构）食堂和养老机构食堂的备餐宜在专间内进行。

7.2.5 各专间、专用操作区应有明显的标识，标明其用途。

7.3 粗加工制作与切配

7.3.1 冷冻（藏）食品出库后，应及时加工制作。冷冻食品原料不宜反复解冻、冷冻。

7.3.2 宜使用冷藏解冻或冷水解冻方法进行解冻，解冻时合理防护，避免受到污染。使用微波解冻方法的，解冻后的食品原料应被立即加工制作。

7.3.3 应缩短解冻后的高危易腐食品原料在常温下的存放时间，食品原料的表面温度不宜超过8℃。

7.3.4 食品原料应洗净后使用。盛放或加工制作不同类型食品原料的工具和容器应分开使用。盛放或加工制作畜肉类原料、禽肉类原料及蛋类原料的工具和容器宜分开使用。

7.3.5 使用禽蛋前，应清洗禽蛋的外壳，必要时消毒外壳。破蛋后应单独存放在暂存容器内，确认禽蛋未变质后再合并存放。

7.3.6 应及时使用或冷冻（藏）贮存切配好的半成品。

7.4 成品加工制作

7.4.1 专间内加工制作

7.4.1.1 专间内温度不得高于25℃。

7.4.1.2 每餐（或每次）使用专间前，应对专间空气进行消毒。消毒方法应遵循消毒设施使用说明书要求。使用紫外线灯消毒的，应在无人加工制作时开启紫外线灯30分钟以上并做好记录。

7.4.1.3 由专人加工制作，非专间加工制作人员不得擅自进入专间。进入专间前，加工制作人员应更换专用的工作衣帽并佩戴口罩。加工制作人员在加工制作前应严格清洗消毒手部，加工制作过程中适时清洗消毒手部。

7.4.1.4 应使用专用的工具、容器、设备，使用前使用专用清洗消毒设施进行清洗消毒并保持清洁。

7.4.1.5 及时关闭专间的门和食品传递窗口。

7.4.1.6 蔬菜、水果、生食的海产品等食品原料应清洗处理干净后，方可传递进专间。预包装食品和一次性餐饮具应去除外层包装并保持最小包装清洁后，方可传递进专间。

7.4.1.7 在专用冷冻或冷藏设备中存放食品时，宜将食品放置在密闭容器内或使用保鲜膜等进行无污染覆盖。

7.4.1.8 加工制作生食海产品，应在专间外剔除海产品的非食用部分，并将其洗净后，方可传递进专间。加工制作时，应避免海产品可食用部分受到污染。加工制作后，应将海产品放置在密闭容器内冷藏保存，或放置在食用冰中保存并用保鲜膜分隔。放置在食用冰中

保存的，加工制作后至食用前的间隔时间不得超过1小时。

7.4.1.9　加工制作裱花蛋糕，裱浆和经清洗消毒的新鲜水果应当天加工制作、当天使用。蛋糕胚应存放在专用冷冻或冷藏设备中。打发好的奶油应尽快使用完毕。

7.4.1.10　加工制作好的成品宜当餐供应。

7.4.1.11　不得在专间内从事非清洁操作区的加工制作活动。

7.4.2　专用操作区内加工制作

7.4.2.1　由专人加工制作。加工制作人员应穿戴专用的工作衣帽并佩戴口罩。加工制作人员在加工制作前应严格清洗消毒手部，加工制作过程中适时清洗消毒手部。

7.4.2.2　应使用专用的工具、容器、设备，使用前进行消毒，使用后洗净并保持清洁。

7.4.2.3　在专用冷冻或冷藏设备中存放食品时，宜将食品放置在密闭容器内或使用保鲜膜等进行无污染覆盖。

7.4.2.4　加工制作的水果、蔬菜等，应清洗干净后方可使用。

7.4.2.5　加工制作好的成品应当餐供应。

7.4.2.6　现调、冲泡、分装饮品可不在专用操作区内进行。

7.4.2.7　不得在专用操作区内从事非专用操作区的加工制作活动。

7.4.3　烹饪区内加工制作

7.4.3.1　一般要求

7.4.3.1.1　烹饪食品的温度和时间应能保证食品安全。

7.4.3.1.2　需要烧熟煮透的食品，加工制作时食品的中心温度应达到70℃以上。对特殊加工制作工艺，中心温度低于70℃的食品，餐饮服务提供者应严格控制原料质量安全状态，确保经过特殊加工制作工艺制作成品的食品安全。鼓励餐饮服务提供者在售卖时按照本规范相关要求进行消费提示。

7.4.3.1.3　盛放调味料的容器应保持清洁，使用后加盖存放，宜标注预包装调味料标签上标注的生产日期、保质期等内容及开封日期。

7.4.3.1.4　宜采用有效的设备或方法，避免或减少食品在烹饪过程中产生有害物质。

7.4.3.2　油炸类食品

7.4.3.2.1　选择热稳定性好、适合油炸的食用油脂。

7.4.3.2.2　与炸油直接接触的设备、工具内表面应为耐腐蚀、耐高温的材质（如不锈钢等），易清洁、维护。

7.4.3.2.3　油炸食品前，应尽可能减少食品表面的多余水分。油炸食品时，油温不宜超过190℃。油量不足时，应及时添加新油。定期过滤在用油，去除食物残渣。鼓励使用快速检测方法定时测试在用油的酸价、极性组分等指标。定期拆卸油炸设备，进行清洁维护。

7.4.3.3　烧烤类食品

7.4.3.3.1　烧烤场所应具有良好的排烟系统。

7.4.3.3.2 烤制食品的温度和时间应能使食品被烤熟。

7.4.3.3.3 烤制食品时，应避免食品直接接触火焰或烤制温度过高，减少有害物质产生。

7.4.3.4 火锅类食品

7.4.3.4.1 不得重复使用火锅底料。

7.4.3.4.2 使用醇基燃料（如酒精等）时，应在没有明火的情况下添加燃料。使用炭火或煤气时，应通风良好，防止一氧化碳中毒。

7.4.3.5 糕点类食品

7.4.3.5.1 使用烘焙包装用纸时，应考虑颜色可能对产品的迁移，并控制有害物质的迁移量，不应使用有荧光增白剂的烘烤纸。

7.4.3.5.2 使用自制蛋液的，应冷藏保存蛋液，防止蛋液变质。

7.4.3.6 自制饮品

7.4.3.6.1 加工制作现榨果蔬汁、食用冰等的用水，应为预包装饮用水、使用符合相关规定的水净化设备或设施处理后的直饮水、煮沸冷却后的生活饮用水。

7.4.3.6.2 自制饮品所用的原料乳，宜为预包装乳制品。

7.4.3.6.3 煮沸生豆浆时，应将上涌泡沫除净，煮沸后保持沸腾状态5分钟以上。

7.5 食品添加剂使用

7.5.1 使用食品添加剂的，应在技术上确有必要，并在达到预期效果的前提下尽可能降低使用量。

7.5.2 按照GB 2760《食品安全国家标准 食品添加剂使用标准》规定的食品添加剂品种、使用范围、使用量，使用食品添加剂。不得采购、贮存、使用亚硝酸盐（包括亚硝酸钠、亚硝酸钾）。

7.5.3 专柜（位）存放食品添加剂，并标注“食品添加剂”字样。使用容器盛放拆包后的食品添加剂的，应在盛放容器上标明食品添加剂名称，并保留原包装。

7.5.4 应专册记录使用的食品添加剂名称、生产日期或批号、添加的食品品种、添加量、添加时间、操作人员等信息，GB 2760—2014《食品安全国家标准 食品添加剂使用标准》规定按生产需要适量使用的食品添加剂除外。使用有GB 2760—2014《食品安全国家标准 食品添加剂使用标准》“最大使用量”规定的食品添加剂，应精准称量使用。

7.6 食品相关产品使用

7.6.1 各类工具和容器应有明显的区分标识，可使用颜色、材料、形状、文字等方式进行区分。

7.6.2 工具、容器和设备，宜使用不锈钢材料，不宜使用木质材料。必须使用木质材料时，应避免对食品造成污染。盛放热食类食品的容器不宜使用塑料材料。

7.6.3 添加邻苯二甲酸酯类物质制成的塑料制品不得盛装、接触油脂类食品和乙醇含量高于20%的食品。

7.6.4　不得重复使用一次性用品。

7.7　高危易腐食品冷却

7.7.1　需要冷冻（藏）的熟制半成品或成品，应在熟制后立即冷却。

7.7.2　应在清洁操作区内进行熟制成品的冷却，并在盛放容器上标注加工制作时间等。

7.7.3　冷却时，可采用将食品切成小块、搅拌、冷水浴等措施或者使用专用速冷设备，使食品的中心温度在2小时内从60℃降至21℃，再经2小时或更短时间降至8℃。

7.8　食品再加热

7.8.1　高危易腐食品熟制后，在8℃~60℃条件下存放2小时以上且未发生感官性状变化的，食用前应进行再加热。

7.8.2　再加热时，食品的中心温度应达到70℃以上。

7.9　食品留样

7.9.1　学校（含托幼机构）食堂、养老机构食堂、医疗机构食堂、中央厨房、集体用餐配送单位、建筑工地食堂（供餐人数超过100人）和餐饮服务提供者（集体聚餐人数超过100人或为重大活动供餐），每餐次的食品成品应留样。其他餐饮服务提供者宜根据供餐对象、供餐人数、食品品种、食品安全控制能力和有关规定，进行食品成品留样。

7.9.2　应将留样食品按照品种分别盛放于清洗消毒后的专用密闭容器内，在专用冷藏设备中冷藏存放48小时以上。每个品种的留样量应能满足检验检测需要，且不少于125g。

7.9.3　在盛放留样食品的容器上应标注留样食品名称、留样时间（月、日、时），或者标注与留样记录相对应的标识。

7.9.4　应由专人管理留样食品、记录留样情况，记录内容包括留样食品名称、留样时间（月、日、时）、留样人员等。

8　供餐、用餐与配送

8.1　供餐

8.1.1　分派菜肴、整理造型的工具使用前应清洗消毒。

8.1.2　加工制作围边、盘花等的材料应符合食品安全要求，使用前应清洗消毒。

8.1.3　在烹饪后至食用前需要较长时间（超过2小时）存放的高危易腐食品，应在高于60℃或低于8℃的条件下存放。在8℃~60℃条件下存放超过2小时，且未发生感官性状变化的，应按本规范要求再加热后方可供餐。

8.1.4　宜按照标签标注的温度等条件，供应预包装食品。食品的温度不得超过标签标注的温度+3℃。

8.1.5　供餐过程中，应对食品采取有效防护措施，避免食品受到污染。使用传递设施（如升降笼、食梯、滑道等）的，应保持传递设施清洁。

8.1.6　供餐过程中，应使用清洁的托盘等工具，避免从业人员的手部直接接触食品（预包装食品除外）。

8.2 用餐服务

8.2.1 垫纸、垫布、餐具托、口布等与餐饮具直接接触的物品应一客一换。撤换下的物品，应及时清洗消毒（一次性用品除外）。

8.2.2 消费者就餐时，就餐区应避免从事引起扬尘的活动（如扫地、施工等）。

8.3 食品配送

8.3.1 一般要求

8.3.1.1 不得将食品与有毒有害物品混装配送。

8.3.1.2 应使用专用的密闭容器和车辆配送食品，容器的内部结构应便于清洁。

8.3.1.3 配送前，应清洁运输车辆的车厢和配送容器，盛放成品的容器还应经过消毒。

8.3.1.4 配送过程中，食品与非食品、不同存在形式的食品应使用容器或独立包装等分隔，盛放容器和包装应严密，防止食品受到污染。

8.3.1.5 食品的温度和配送时间应符合食品安全要求。

8.3.2 中央厨房的食品配送

8.3.2.1 食品应有包装或使用密闭容器盛放。容器材料应符合食品安全国家标准或有关规定。

8.3.2.2 包装或容器上应标注中央厨房的名称、地址、许可证号、联系方式，以及食品名称、加工制作时间、保存条件、保存期限、加工制作要求等。

8.3.2.3 高危易腐食品应采用冷冻（藏）方式配送。

8.3.3 集体用餐配送单位的食品配送

8.3.3.1 食品应使用密闭容器盛放。容器材料应符合食品安全国家标准或有关规定。

8.3.3.2 容器上应标注食用时限和食用方法。

8.3.3.3 从烧熟至食用的间隔时间（食用时限）应符合以下要求：

a）烧熟后 2 小时，食品的中心温度保持在 60℃以上（热藏）的，其食用时限为烧熟后 4 小时；

b）烧熟后按照本规范高危易腐食品冷却要求，将食品的中心温度降至 8℃并冷藏保存的，其食用时限为烧熟后 24 小时。供餐前应按本规范要求对食品进行再加热。

8.3.4 餐饮外卖

8.3.4.1 送餐人员应保持个人卫生。外卖箱（包）应保持清洁，并定期消毒。

8.3.4.2 使用符合食品安全规定的容器、包装材料盛放食品，避免食品受到污染。

8.3.4.3 配送高危易腐食品应冷藏配送，并与热食类食品分开存放。

8.3.4.4 从烧熟至食用的间隔时间（食用时限）应符合以下要求：烧熟后2小时，食品的中心温度保持在60℃以上（热藏）的，其食用时限为烧熟后4小时。

8.3.4.5 宜在食品盛放容器或者包装上，标注食品加工制作时间和食用时限，并提醒消费者收到后尽快食用。

8.3.4.6　宜对食品盛放容器或者包装进行封签。

8.3.5　使用一次性容器、餐饮具的，应选用符合食品安全要求的材料制成的容器、餐饮具，宜采用可降解材料制成的容器、餐饮具。

9　检验检测

9.1　检验检测计划

9.1.1　中央厨房和集体用餐配送单位应制定检验检测计划，定期对大宗食品原料、加工制作环境等自行或委托具有资质的第三方机构进行检验检测。其他的特定餐饮服务提供者宜定期开展食品检验检测。

9.1.2　鼓励其他餐饮服务提供者定期进行食品检验检测。

9.2　检验检测项目和人员

9.2.1　可根据自身的食品安全风险分析结果，确定检验检测项目，如农药残留、兽药残留、致病性微生物、餐用具清洗消毒效果等。

9.2.2　检验检测人员应经过培训与考核。

10　清洗消毒

10.1　餐用具清洗消毒

10.1.1　餐用具使用后应及时洗净，餐饮具、盛放或接触直接入口食品的容器和工具使用前应消毒。

10.1.2　清洗消毒方法参照《推荐的餐用具清洗消毒方法》（见附录J）。宜采用蒸汽等物理方法消毒，因材料、大小等原因无法采用的除外。

10.1.3　餐用具消毒设备（如自动消毒碗柜等）应连接电源，正常运转。定期检查餐用具消毒设备或设施的运行状态。采用化学消毒的，消毒液应现用现配，并定时测量消毒液的消毒浓度。

10.1.4　从业人员佩戴手套清洗消毒餐用具的，接触消毒后的餐用具前应更换手套。手套宜用颜色区分。

10.1.5　消毒后的餐饮具、盛放或接触直接入口食品的容器和工具，应符合GB 14934—2016《食品安全国家标准 消毒餐（饮）具》的规定。

10.1.6　宜沥干、烘干清洗消毒后的餐用具。使用抹布擦干的，抹布应专用，并经清洗消毒后方可使用。

10.1.7　不得重复使用一次性餐饮具。

10.2　餐用具保洁

10.2.1　消毒后的餐饮具、盛放或接触直接入口食品的容器和工具，应定位存放在专用的密闭保洁设施内，保持清洁。

10.2.2　保洁设施应正常运转，有明显的区分标识。

10.2.3　定期清洁保洁设施，防止清洗消毒后的餐用具受到污染。

10.3 洗涤剂消毒剂

10.3.1 使用的洗涤剂、消毒剂应分别符合GB 14930.1—2015《食品安全国家标准 洗涤剂》和GB 14930.2—2012《食品安全国家标准 消毒剂》等食品安全国家标准和有关规定。

10.3.2 严格按照洗涤剂、消毒剂的使用说明进行操作。

11 废弃物管理

11.1 废弃物存放容器与设施

11.1.1 食品处理区内可能产生废弃物的区域，应设置废弃物存放容器。废弃物存放容器与食品加工制作容器应有明显的区分标识。

11.1.2 废弃物存放容器应配有盖子，防止有害生物侵入、不良气味或污水溢出，防止污染食品、水源、地面、食品接触面（包括接触食品的工作台面、工具、容器、包装材料等）。废弃物存放容器的内壁光滑，易于清洁。

11.1.3 在餐饮服务场所外适宜地点，宜设置结构密闭的废弃物临时集中存放设施。

11.2 废弃物处置

11.2.1 餐厨废弃物应分类放置、及时清理，不得溢出存放容器。餐厨废弃物的存放容器应及时清洁，必要时进行消毒。

11.2.2 应索取并留存餐厨废弃物收运者的资质证明复印件（需加盖收运者公章或由收运者签字），并与其签订收运合同，明确各自的食品安全责任和义务。

11.2.3 应建立餐厨废弃物处置台账，详细记录餐厨废弃物的处置时间、种类、数量、收运者等信息。

12 有害生物防制

12.1 基本要求

12.1.1 有害生物防制应遵循物理防治（粘鼠板、灭蝇灯等）优先，化学防治（滞留喷洒等）有条件使用的原则，保障食品安全和人身安全。

12.1.2 餐饮服务场所的墙壁、地板无缝隙，天花板修葺完整。所有管道（供水、排水、供热、燃气、空调等）与外界或天花板连接处应封闭，所有管、线穿越而产生的孔洞，选用水泥、不锈钢隔板、钢丝封堵材料、防火泥等封堵，孔洞填充牢固，无缝隙。使用水封式地漏。

12.1.3 所有线槽、配电箱（柜）封闭良好。

12.1.4 人员、货物进出通道应设有防鼠板，门的缝隙应小于6mm。

12.2 设施设备的使用与维护

12.2.1 灭蝇灯

12.2.1.1 食品处理区、就餐区宜安装粘捕式灭蝇灯。使用电击式灭蝇灯的，灭蝇灯不得悬挂在食品加工制作或贮存区域的上方，防止电击后的虫害碎屑污染食品。

12.2.1.2 应根据餐饮服务场所的布局、面积及灭蝇灯使用技术要求，确定灭蝇灯的安装

位置和数量。

12.2.2　鼠类诱捕设施

12.2.2.1　餐饮服务场所内应使用粘鼠板、捕鼠笼、机械式捕鼠器等装置，不得使用杀鼠剂。

12.2.2.2　餐饮服务场所外可使用抗干预型鼠饵站，鼠饵站和鼠饵必须固定安装。

12.2.3　排水管道出水口

排水管道出水口安装的篦子宜使用金属材料制成，篦子缝隙间距或网眼应小于10mm。

12.2.4　通风口

与外界直接相通的通风口、换气窗外，应加装不小于16目的防虫筛网。

12.2.5　防蝇帘及风幕机

12.2.5.1　使用防蝇胶帘的，防蝇胶帘应覆盖整个门框，底部离地距离小于2cm，相邻胶帘条的重叠部分不少于2cm。

12.2.5.2　使用风幕机的，风幕应完整覆盖出入通道。

12.3　防制过程要求

12.3.1　收取货物时，应检查运输工具和货物包装是否有有害生物活动迹象（如鼠粪、鼠咬痕等鼠迹，蟑尸、蟑粪、卵鞘等蟑迹），防止有害生物入侵。

12.3.2　定期检查食品库房或食品贮存区域、固定设施设备背面及其他阴暗、潮湿区域是否存在有害生物活动迹象。发现有害生物，应尽快将其杀灭，并查找和消除其来源途径。

12.3.3　防制过程中应采取有效措施，防止食品、食品接触面及包装材料等受到污染。

12.4　卫生杀虫剂和杀鼠剂的管理

12.4.1　卫生杀虫剂和杀鼠剂的选择

12.4.1.1　选择的卫生杀虫剂和杀鼠剂，应标签信息齐全（农药登记证、农药生产许可证、农药标准）并在有效期内。不得将不同的卫生杀虫剂制剂混配。

12.4.1.2　鼓励使用低毒或微毒的卫生杀虫剂和杀鼠剂。

12.4.2　卫生杀虫剂和杀鼠剂的使用要求

12.4.2.1　使用卫生杀虫剂和杀鼠剂的人员应经过有害生物防制专业培训。

12.4.2.2　应针对不同的作业环境，选择适宜的种类和剂型，并严格根据卫生杀虫剂和杀鼠剂的技术要求确定使用剂量和位置，设置警示标识。

12.4.3　卫生杀虫剂和杀鼠剂的存放要求

不得在食品处理区和就餐场所存放卫生杀虫剂和杀鼠剂产品。应设置单独、固定的卫生杀虫剂和杀鼠剂产品存放场所，存放场所具备防火防盗通风条件，由专人负责。

13　食品安全管理

13.1　设立食品安全管理机构和配备人员

13.1.1 餐饮服务企业应配备专职或兼职食品安全管理人员，宜设立食品安全管理机构。

13.1.2 中央厨房、集体用餐配送单位、连锁餐饮企业总部、网络餐饮服务第三方平台提供者应设立食品安全管理机构，配备专职食品安全管理人员。

13.1.3 其他特定餐饮服务提供者应配备专职食品安全管理人员，宜设立食品安全管理机构。

13.1.4 食品安全管理人员应按规定参加食品安全培训。

13.2 食品安全管理基本内容

13.2.1 餐饮服务企业应建立健全食品安全管理制度，明确各岗位的食品安全责任，强化过程管理。

13.2.2 根据《餐饮服务预防食物中毒注意事项》（附录G）和经营实际，确定高风险的食品品种和加工制作环节，实施食品安全风险重点防控。特定餐饮服务提供者应制定加工操作规程，其他餐饮服务提供者宜制定加工操作规程。

13.2.3 制订从业人员健康检查、食品安全培训考核及食品安全自查等计划。

13.2.4 落实各项食品安全管理制度、加工操作规程。

13.2.5 定期开展从业人员健康检查、食品安全培训考核及食品安全自查，及时消除食品安全隐患。

13.2.6 依法处置不合格食品、食品添加剂、食品相关产品。

13.2.7 依法报告、处置食品安全事故。

13.2.8 建立健全食品安全管理档案。

13.2.9 配合市场监督管理部门开展监督检查。

13.2.10 食品安全法律、法规、规章、规范性文件和食品安全标准规定的其他要求。

13.3 食品安全管理制度

13.3.1 餐饮服务企业应建立从业人员健康管理制度、食品安全自查制度、食品进货查验记录制度、原料控制要求、过程控制要求、食品安全事故处置方案等。

13.3.2 宜根据自身业态、经营项目、供餐对象、供餐数量等，建立如下食品安全管理制度：

a）食品安全管理人员制度；

b）从业人员培训考核制度；

c）场所及设施设备（如卫生间、空调及通风设施、制冰机等）定期清洗消毒、维护、校验制度；

d）食品添加剂使用制度；

e）餐厨废弃物处置制度；

f）有害生物防制制度。

13.3.3 定期修订完善各项食品安全管理制度，及时对从业人员进行培训考核，并督促其

落实。

13.4 食品安全自查

13.4.1 结合经营实际，全面分析经营过程中的食品安全危害因素和风险点，确定食品安全自查项目和要求，建立自查清单，制定自查计划。

13.4.2 根据食品安全法律法规和本规范，自行或者委托第三方专业机构开展食品安全自查，及时发现并消除食品安全隐患，防止发生食品安全事故。

13.4.3 食品安全自查包括制度自查、定期自查和专项自查。

13.4.3.1 制度自查

对食品安全制度的适用性，每年至少开展一次自查。在国家食品安全法律、法规、规章、规范性文件和食品安全国家标准发生变化时，及时开展制度自查和修订。

13.4.3.2 定期自查

特定餐饮服务提供者对其经营过程，应每周至少开展一次自查；其他餐饮服务提供者对其经营过程，应每月至少开展一次自查。定期自查的内容，应根据食品安全法律、法规、规章和本规范确定。

13.4.3.3 专项自查

获知食品安全风险信息后，应立即开展专项自查。专项自查的重点内容应根据食品安全风险信息确定。

13.4.3.4 对自查中发现的问题食品，应立即停止使用，存放在加贴醒目、牢固标识的专门区域，避免被误用，并采取退货、销毁等处理措施。对自查中发现的其他食品安全风险，应根据具体情况采取有效措施，防止对消费者造成伤害。

13.5 投诉处置

13.5.1 对消费者提出的投诉，应立即核实，妥善处理，留存记录。

13.5.2 接到消费者投诉食品感官性状异常时，应及时核实。经核实确有异常的，应及时撤换，告知备餐人员做出相应处理，并对同类食品进行检查。

13.5.3 在就餐区公布投诉举报电话。

13.6 食品安全事故处置

13.6.1 发生食品安全事故的，应立即采取措施，防止事故扩大。

13.6.2 发现其经营的食品属于不安全食品的，应立即停止经营，采取公告或通知的方式告知消费者停止食用、相关供货者停止生产经营。

13.6.3 发现有食品安全事故潜在风险，及发生食品安全事故的，应按规定报告。

13.7 公示

13.7.1 将食品经营许可证、餐饮服务食品安全等级标识、日常监督检查结果记录表等公示在就餐区醒目位置。

13.7.2 网络餐饮服务第三方平台提供者和入网餐饮服务提供者应在网上公示餐饮服务提

供者的名称、地址、餐饮服务食品安全等级信息、食品经营许可证。

13.7.3 入网餐饮服务提供者应在网上公示菜品名称和主要原料名称。

13.7.4 宜在食谱上或食品盛取区、展示区，公示食品的主要原料及其来源、加工制作中添加的食品添加剂等。

13.7.5 宜采用“明厨亮灶”方式，公开加工制作过程。

13.8 场所清洁

13.8.1 食品处理区清洁

13.8.1.1 定期清洁食品处理区设施、设备。

13.8.1.2 保持地面无垃圾、无积水、无油渍，墙壁和门窗无污渍、无灰尘，天花板无霉斑、无灰尘。

13.8.2 就餐区清洁

13.8.2.1 定期清洁就餐区的空调、排风扇、地毯等设施或物品，保持空调、排风扇洁净，地毯无污渍。

13.8.2.2 营业期间，应开启包间等就餐场所的排风装置，包间内无异味。

13.8.3 卫生间清洁

13.8.3.1 定时清洁卫生间的设施、设备，并做好记录和展示。

13.8.3.2 保持卫生间地面、洗手池及台面无积水、无污物、无垃圾，便池内外无污物、无积垢、冲水良好，卫生纸充足。

13.8.3.3 营业期间，应开启卫生间的排风装置，卫生间内无异味。

14 人员要求

14.1 健康管理

14.1.1 从事接触直接入口食品工作（清洁操作区内的加工制作及切菜、配菜、烹饪、传菜、餐饮具清洗消毒）的从业人员（包括新参加和临时参加工作的从业人员，下同）应取得健康证明后方可上岗，并每年进行健康检查取得健康证明，必要时应进行临时健康检查。

14.1.2 食品安全管理人员应每天对从业人员上岗前的健康状况进行检查。患有发热、腹泻、咽部炎症等病症及皮肤有伤口或感染的从业人员，应主动向食品安全管理人员等报告，暂停从事接触直接入口食品的工作，必要时进行临时健康检查，待查明原因并将有碍食品安全的疾病治愈后方可重新上岗。

14.1.3 手部有伤口的从业人员，使用的创可贴宜颜色鲜明，并及时更换。佩戴一次性手套后，可从事非接触直接入口食品的工作。

14.1.4 患有霍乱、细菌性和阿米巴性痢疾、伤寒和副伤寒、病毒性肝炎（甲型、戊型）、活动性肺结核、化脓性或者渗出性皮肤病等国务院卫生行政部门规定的有碍食品安全疾病的人员，不得从事接触直接入口食品的工作。

14.2 培训考核

餐饮服务企业应每年对其从业人员进行一次食品安全培训考核，特定餐饮服务提供者应每半年对其从业人员进行一次食品安全培训考核。

14.2.1 培训考核内容为有关餐饮食品安全的法律法规知识、基础知识及本单位的食品安全管理制度、加工制作规程等。

14.2.2 培训可采用专题讲座、实际操作、现场演示等方式。考核可采用询问、观察实际操作、答题等方式。

14.2.3 对培训考核及时评估效果、完善内容、改进方式。

14.2.4 从业人员应在食品安全培训考核合格后方可上岗。

14.3 人员卫生

14.3.1 个人卫生

14.3.1.1 从业人员应保持良好的个人卫生。

14.3.1.2 从业人员不得留长指甲、涂指甲油。工作时，应穿清洁的工作服，不得披散头发，佩戴的手表、手镯、手链、手串、戒指、耳环等饰物不得外露。

14.3.1.3 食品处理区内的从业人员不宜化妆，应戴清洁的工作帽，工作帽应能将头发全部遮盖住。

14.3.1.4 进入食品处理区的非加工制作人员，应符合从业人员卫生要求。

14.3.2 口罩和手套

14.3.2.1 专间的从业人员应佩戴清洁的口罩。

14.3.2.2 专用操作区内从事下列活动的从业人员应佩戴清洁的口罩：

a）现榨果蔬汁加工制作；

b）果蔬拼盘加工制作；

c）加工制作植物性冷食类食品（不含非发酵豆制品）；

d）对预包装食品进行拆封、装盘、调味等简单加工制作后即供应的；

e）调制供消费者直接食用的调味料；

f）备餐。

14.3.2.3 专用操作区内从事其他加工制作的从业人员，宜佩戴清洁的口罩。

14.3.2.4 其他接触直接入口食品的从业人员，宜佩戴清洁的口罩。

14.3.2.5 如佩戴手套，佩戴前应对手部进行清洗消毒。手套应清洁、无破损，符合食品安全要求。手套使用过程中，应定时更换手套，出现14.4.2条款要求的重新洗手消毒的情形时，应在重新洗手消毒后更换手套。手套应存放在清洁卫生的位置，避免受到污染。

14.4 手部清洗消毒

14.4.1 从业人员在加工制作食品前，应洗净手部，手部清洗宜符合《餐饮服务从业人员洗手消毒方法》（见附录I）。

14.4.2 加工制作过程中，应保持手部清洁。出现下列情形时，应重新洗净手部：

a）加工制作不同存在形式的食品前；

b）清理环境卫生、接触化学物品或不洁物品（落地的食品、受到污染的工具容器和设备、餐厨废弃物、钱币、手机等）后；

c）咳嗽、打喷嚏及擤鼻涕后。

14.4.3 使用卫生间、用餐、饮水、吸烟等可能会污染手部的活动后，应重新洗净手部。

14.4.4 加工制作不同类型的食品原料前，宜重新洗净手部。

14.4.5 从事接触直接入口食品工作的从业人员，加工制作食品前应洗净手部并进行手部消毒，手部清洗消毒应符合《餐饮服务从业人员洗手消毒方法》（见附录I）。加工制作过程中，应保持手部清洁。出现下列情形时，应重新洗净手部并消毒：

a）接触非直接入口食品后；

b）触摸头发、耳朵、鼻子、面部、口腔或身体其他部位后；

c）14.4.2 条款要求的应重新洗净手部的情形。

14.5 工作服

14.5.1 工作服宜为白色或浅色，应定点存放，定期清洗更换。从事接触直接入口食品工作的从业人员，其工作服宜每天清洗更换。

14.5.2 食品处理区内加工制作食品的从业人员使用卫生间前，应更换工作服。

14.5.3 工作服受到污染后，应及时更换。

14.5.4 待清洗的工作服不得存放在食品处理区。

14.5.5 清洁操作区与其他操作区从业人员的工作服应有明显的颜色或标识区分。

14.5.6 专间内从业人员离开专间时，应脱去专间专用工作服。

15 文件和记录

15.1 记录内容

15.1.1 根据食品安全法律、法规、规章和本规范要求，结合经营实际，如实记录有关信息。

15.1.1.1 应记录以下信息：从业人员培训考核、进货查验、原料出库、食品安全自查、食品召回、消费者投诉处置、餐厨废弃物处置、卫生间清洁等。存在食品添加剂采购与使用、检验检测等行为时，也应记录相关信息。

15.1.1.2 餐饮服务企业应如实记录采购的食品、食品添加剂、食品相关产品的名称、规格、数量、生产日期或者生产批号、保质期、进货日期以及供货者名称、地址、联系方式等内容，并保存相关记录。宜采用电子方式记录和保存相关内容。

15.1.1.3 特定餐饮服务提供者还应记录以下信息：食品留样、设施设备清洗维护校验、卫生杀虫剂和杀鼠剂的使用。

15.1.1.4 实行统一配送经营方式的，各门店也应建立并保存收货记录。

15.1.2　制定各项记录表格，表格的项目齐全，可操作。填写的表格清晰完整，由执行操作人员和内部检查人员签字。

15.1.3　各岗位负责人应督促执行操作人员按要求填写记录表格，定期检查记录内容。食品安全管理人员应每周检查所有记录表格，发现异常情况时，立即督促有关人员采取整改措施。

15.2　记录保存时限

15.2.1　进货查验记录和相关凭证的保存期限不得少于产品保质期满后6个月；没有明确保质期的，保存期限不得少于2年。其他各项记录保存期限宜为2年。

15.2.2　网络餐饮服务第三方平台提供者和自建网站餐饮服务提供者应如实记录网络订餐的订单信息，包括食品的名称、下单时间、送餐人员、送达时间以及收货地址，信息保存时间不得少于6个月。

15.3　文件管理

特定餐饮服务提供者宜制定文件管理要求，对文件进行有效管理，确保所使用的文件均为有效版本。

16　其他

16.1　燃料管理

16.1.1　尽量采购使用乙醇作为菜品（如火锅等）加热燃料。使用甲醇、丙醇等作燃料，应加入颜色进行警示，并严格管理，防止作为白酒误饮。

16.1.2　应严格选择燃料供货者。应制定火灾防控制度和应急预案，明确防火职责，定期组织检查，定期检测设备，及时更换存在安全隐患的老旧设备。宜安装有效的通风及报警设备。

16.1.3　应加强从业人员培训，使其能正确使用煤气、液化气、电等加热设备，防止漏气、漏电；安全进行燃料更换（木炭、醇基燃料等），防止烫伤。

16.2　消费提示

16.2.1　鼓励对特殊加工制作方式（如煎制牛排、制作白切鸡、烹制禽蛋、自行烹饪火锅或烧烤等）及外卖、外带食品等进行消费提示。

16.2.2　可采用口头或书面等方式进行消费提示。

16.3　健康促进

16.3.1　鼓励实行科学营养配餐，对就餐人群进行健康营养知识宣传，更新饮食观念。

16.3.2　鼓励对成品的口味（甜、咸、油、辣等）进行差异化标示。

附录A

餐饮服务场所相关名词关系图
（资料性附录）

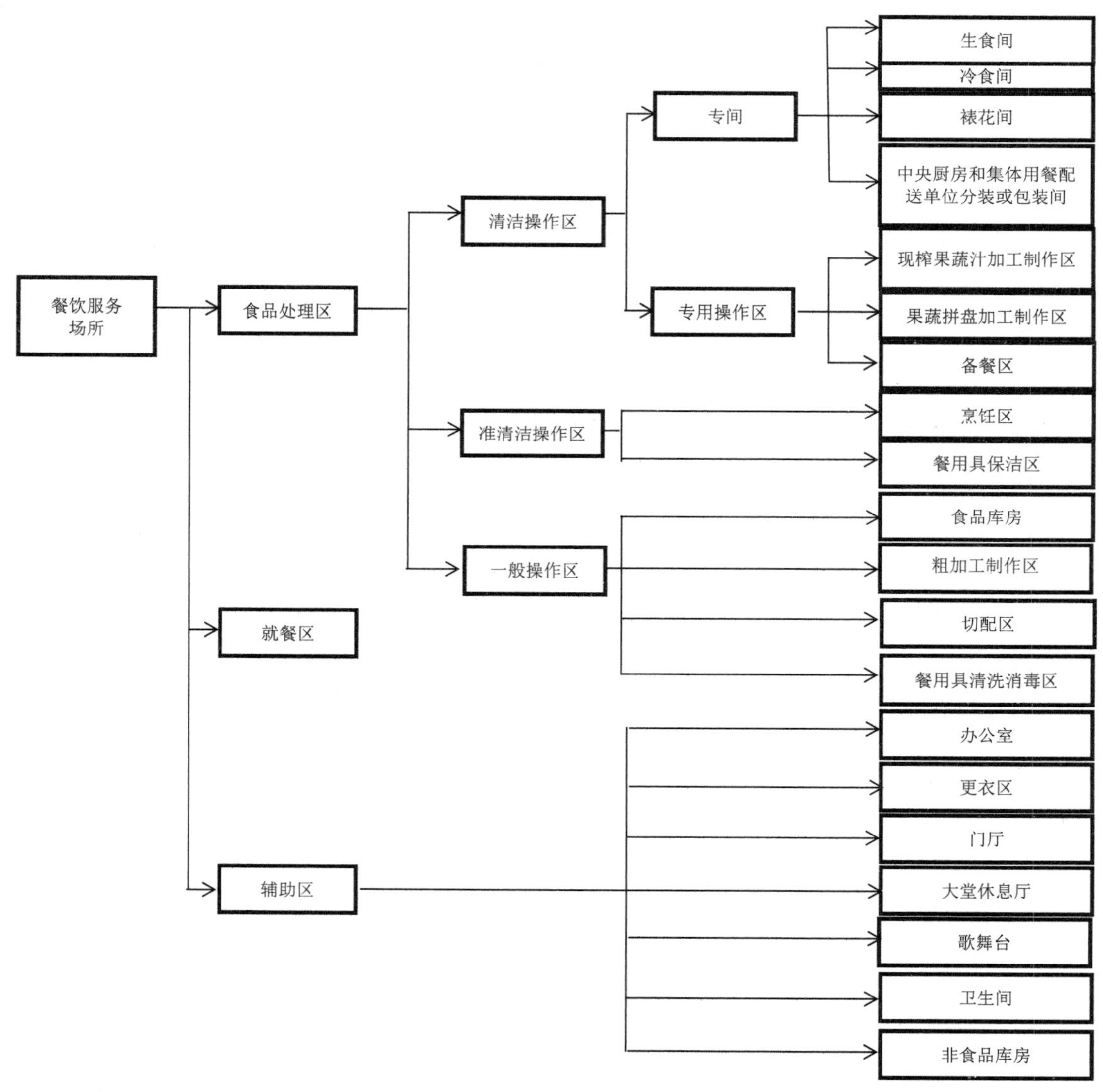

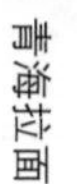

进货查验记录表格示例

（资料性附录）

序号	进货日期	产品名称	规格	数量	生产批号或日期	生产者	地址及联系方式（电话等）	供货者	地址及联系方式（电话等）	随货证明文件查验					入库检查		自检或委检情况	记录人	备注
										许可证（如有）	营业执照（如有）	购货凭证	该批产品检验报告	其他合格证明（如有）	外观检查	温度检查（如需）			

附录C

食品留样记录表格示例

（资料性附录）

序号	留样食品名称	留样时间（*月*日*时*分）	留样量（g）	保存条件	留样保存至（*月*日*时*分）	订餐单位	送餐时间	留样人

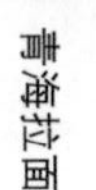

附录D

食品添加剂使用记录表格示例

（资料性附录）

序号	使用日期	食品添加剂名称	生产者	生产日期	使用量（g）	功能（用途）	制作食品名称	制作食品量	使用人	备注

附录E

废弃物处置记录表格示例

（资料性附录）

日期	废弃物种类	数量（kg）	处理 时间	处理 单位	处理人及联系方式	记录人	备注

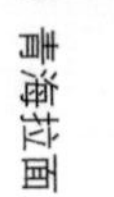

附录F

卫生间清洁记录表格示例

（资料性附录）

日期	时间	台面	洗手池	洗手液	擦手纸或干手器	镜面	地面	便池	卫生纸	纸篓	门	窗	记录人	备注

附录G

餐饮服务预防食物中毒注意事项

（资料性附录）

一、食物中毒常见原因

（一）细菌性食物中毒

1. 贮存食品不当。如在 8~60℃条件下存放熟制的高危易腐食品 2 小时以上，或在不适当温度下长时间贮存高危易腐的原料或半成品；

2. 未烧熟煮透食品。因烹饪前未彻底解冻食品、熟制时食品的体积较大或熟制时间不足等，导致加工制作时食品的中心温度未达到 70℃以上；

3. 未充分再加热食品。经长时间贮存的食品，在食用前未充分再加热至食品的中心温度达到 70℃以上；

4. 生熟交叉污染。如熟制后的食品被生的食品原料污染，或被接触过生的食品原料的表面（如操作台、容器、手等）污染；接触熟制后食品的操作台、容器、手等被生的食品原料污染；

5. 进食未彻底清洗、消毒的生食品；

6. 从业人员污染食品。从业人员患有消化道传染病或是消化道传染病的带菌者，或手部有化脓性或渗出性伤口，加工制作时由于手部接触等原因污染食品。

（二）化学性食物中毒

1. 在种植或养殖过程中，食用农产品受到化学性物质污染，或在食用前，食用农产品中的农药或兽药残留剂量较多；

2. 在运输、贮存、加工制作过程中，食品受到化学性物质污染。如使用盛放过有机磷农药的容器盛放食品，导致食品受到有机磷农药污染；

3. 误将化学性物质作为食品、食品添加剂食用饮用或使用。如误将甲醇燃料作为白酒饮用，误将亚硝酸盐作为食盐使用；

4. 食品中的营养素发生化学变化，产生有毒有害物质。如食用油脂酸败后，产生酸、醛、酮类及各种氧化物等；

5. 在食品中添加非食用物质，或超剂量使用食品添加剂。

（三）真菌性食物中毒

食品贮存不当，受到真菌污染，在适宜的条件下污染的真菌生长繁殖、产生毒素。如霉变的谷物、甘蔗等含有大量真菌毒素。

（四）动物性食物中毒

1. 食用天然含有有毒成分的动物或动物组织。如食用野生河鲀、未经农产品加工企

业加工的河鲀，织纹螺、鱼胆、动物甲状腺；

2. 在一定条件下，可食的动物性食品产生了大量有毒成分。如组氨酸含量较高的鲐鱼等鱼类在不新鲜或发生腐败时，产生大量组胺。

（五）植物性食物中毒

1. 食用天然含有有毒成分的植物或其制品。如食用有毒菌、鲜白果、曼陀罗果实或种子及其制品等；

2. 在一定条件下，可食的植物性食品产生了大量有毒成分，加工制作时未能彻底去除或破坏有毒成分。如马铃薯发芽后，幼芽及芽眼部分产生大量龙葵素，加工制作不当未能彻底去除龙葵素；

3. 植物中天然含有有毒成分，加工制作时未能彻底去除或破坏有毒成分。如烹饪四季豆的时间不足，未能完全破坏四季豆中的皂素等；煮制豆浆的时间不足，未能彻底去除豆浆中的胰蛋白酶抑制物。

二、预防食物中毒的基本方法

（一）预防细菌性食物中毒的基本原则和措施

预防细菌性食物中毒，应按照防止食品受到病原菌污染、控制病原菌繁殖和杀灭病原菌三项基本原则，采取下列主要措施：

1. 避免污染。主要指避免熟制后的食品受到病原菌污染。如避免熟制后的食品与生的食品原料接触；从业人员经常性清洗手部，接触直接入口食品的从业人员还应在清洗手部后进行手部消毒；保持餐饮服务场所、设施、设备、加工制作台面、容器、工具等清洁；消灭鼠类、虫害等有害生物，避免其接触食品；

2. 控制温度。采取适当的温度控制措施，杀灭食品中的病原菌或控制病原菌生长繁殖。如熟制食品时，使食品的中心温度达到70℃以上；贮存熟制食品时，将食品的中心温度保持在60℃以上热藏或在8℃以下冷藏（或冷冻）；

3. 控制时间。尽量缩短食品的存放时间。如当餐加工制作食品后当餐食用完；尽快使用完食品原料、半成品；

4. 清洗和消毒。如清洗所有接触食品的物品；清洗消毒接触直接入口食品的工具、容器等物品；清洗消毒生吃的蔬菜、水果；

5. 控制加工制作量。食品加工制作量应与加工制作条件相吻合。食品加工制作量超过加工制作场所、设施、设备和从业人员的承受能力时，加工制作行为较难符合食品安全要求，易使食品受到污染，引起食物中毒。

（二）预防常见化学性食物中毒的措施

1. 农药引起的食物中毒。使用流水反复涮洗蔬菜（油菜等叶菜类蔬菜应掰开后逐片涮洗），次数不少于3次，且先洗后切。接触农药的容器、工具等做到物品专用，有醒目

的区分标识，避免与接触食品的容器、工具等混用；

2. 亚硝酸盐引起的食物中毒。禁止采购、贮存、使用亚硝酸盐（包括亚硝酸钠、亚硝酸钾），避免误作食盐使用。

（三）预防常见真菌性食物中毒的措施

严把采购关，防止霉变食品入库；控制存放库房的温度、湿度，尽量缩短贮存时间，定期通风，防止食品在贮存过程中霉变；定期检查食品，及时清除霉变食品；加工制作前，认真检查食品的感官性状，不得加工制作霉变食品。

（四）预防常见动物性食物中毒的措施

1. 河鲀引起的食物中毒。禁止采购、加工制作所有品种的野生河鲀和未经农产品加工企业加工的河鲀；

2. 鲐鱼引起的食物中毒。采购新鲜的鲐鱼；在冷冻（藏）条件下贮存鲐鱼，并缩短贮存时间；加工制作前，检查鲐鱼的感官性状，不得加工制作腐败变质的鲐鱼。

（五）预防常见植物性食物中毒的措施

1. 有毒菌引起的食物中毒。禁止采摘、购买、加工制作不明品种的野生菌；

2. 四季豆引起的食物中毒。烹饪时先将四季豆放入开水中烫煮 10 分钟以上再炒，每次烹饪量不得过大，烹饪时使四季豆均匀受热；

3. 豆浆引起的食物中毒。将生豆浆加热至 80℃时，会有许多泡沫上涌，出现“假沸”现象。应将上涌泡沫除净，煮沸后再以文火维持煮沸 5 分钟以上，可彻底破坏豆浆中的胰蛋白酶抑制物；

4. 发芽马铃薯引起的食物中毒。将马铃薯贮存在低温、无阳光直射的地方，避免马铃薯生芽。

附录H

推荐的餐饮服务场所、设施、设备及工具清洁方法（资料性附录）

场所、设施、设备及工具	频率	使用物品	方法
地面	每天完工或有需要时	扫帚、拖把、刷子、清洁剂	1.用扫帚扫地；2.用拖把以清洁剂拖地；3.用刷子刷去余下污物；4.用水冲洗干净；5.用干拖把拖干地面
排水沟	每天完工或有需要时	铲子、刷子、清洁剂	1.用铲子铲去沟内大部分污物；2.用清洁剂洗净排水沟；3.用刷子刷去余下污物；4.用水冲洗干净
墙壁、门窗及天花板（包括照明设施）	每月一次或有需要时	抹布、刷子、清洁剂	1.用干抹布去除干的污物；2.用湿抹布擦抹或用水冲刷；3.用清洁剂清洗；4.用湿抹布抹净或用水冲洗干净；5.用清洁的抹布抹干/风干
冷冻（藏）库	每周一次或有需要时	抹布、刷子、清洁剂	1.清除食物残渣及污物；2.用湿抹布擦抹或用水冲刷；3.用清洁剂清洗；4.用湿抹布抹净或用水冲洗干净；5.用清洁的抹布抹干/风干
排烟设施	表面每周一次，内部每年2次以上	抹布、刷子、清洁剂	1.用清洁剂清洗；2.用刷子、抹布去除油污；3.用湿抹布抹净或用水冲洗干净；4.风干
工作台及洗涤盆	每次使用后	抹布、刷子、清洁剂、消毒剂	1.清除食物残渣及污物；2.用湿抹布擦抹或用水冲刷；3.用清洁剂清洗；4.用湿抹布抹净或用水冲洗干净；5.用消毒剂消毒；6.用水冲洗干净；7.风干
餐厨废弃物存放容器	每天完工或有需要时	刷子、清洁剂、消毒剂	1.清除食物残渣及污物；2.用水冲刷；3.用清洁剂清洗；4.用水冲洗干净；5.用消毒剂消毒；6.风干
设备、工具	每次使用后	抹布、刷子、清洁剂、消毒剂	1.清除食物残渣及污物；2.用水冲刷；3.用清洁剂清洗；4.用水冲洗干净；5.用消毒剂消毒；6.用水冲洗干净；7.风干
卫生间	定时或有需要时	扫帚、拖把、刷子、抹布、清洁剂、消毒剂	1.清除地面、便池、洗手池及台面、废弃物存放容器等的污物、废弃物；2.用刷子刷去余下污物；3.用扫帚扫地；4.用拖把以清洁剂拖地；5.用刷子、清洁剂清洗便池、洗手池及台面、废弃物存放容器；6.用消毒剂消毒便池；7.用水冲洗干净地面、便池、洗手池及台面、废弃物存放容器；8.用干拖把拖干地面；9.用湿抹布抹净洗手池及台面、废弃物存放容器；10.风干

附录I

餐饮服务从业人员洗手消毒方法

（资料性附录）

一、洗手程序

（一）打开水龙头，用自来水（宜为温水）将双手弄湿。

（二）双手涂上皂液或洗手液等。

（三）双手互相搓擦20秒（必要时，以洁净的指甲刷清洁指甲）。工作服为长袖的应洗到腕部，工作服为短袖的应洗到肘部。

（四）用自来水冲净双手。

（五）关闭水龙头（手动式水龙头应用肘部或以清洁纸巾包裹水龙头将其关闭）。

（六）用清洁纸巾、卷轴式清洁抹手布或干手机干燥双手。

二、标准的清洗手部方法

1. 掌心对掌心搓擦　2. 手指交错掌心对手背搓　3. 手指交错掌心对掌心搓擦

4. 两手互握互搓指背　5. 拇指在掌中转动搓擦　6. 指尖在掌心中搓擦

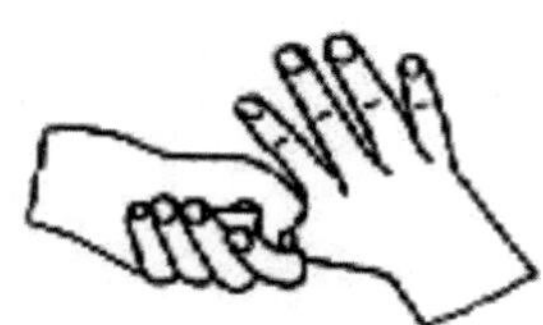

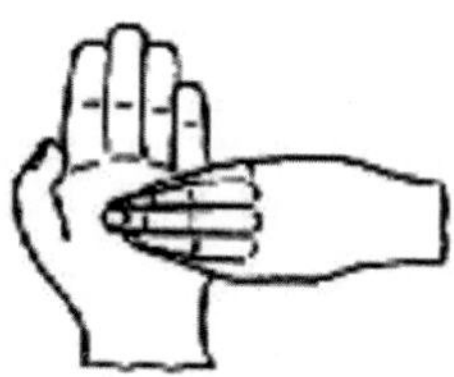

三、标准的消毒手部方法

消毒手部前应先洗净手部，然后参照以下方法消毒：

方法一：将洗净后的双手在消毒剂水溶液中浸泡20~30秒，用自来水将双手冲净。（餐饮服务化学消毒常用消毒剂及使用注意事项见附录K）

方法二：取适量的乙醇类速干手消毒剂于掌心，按照标准的清洗手部方法充分搓擦双手20~30秒，搓擦时保证手消毒剂完全覆盖双手皮肤，直至干燥。

附录J

推荐的餐用具清洗消毒方法

（资料性附录）

一、清洗方法

（一）采用手工方法清洗的，应按以下步骤进行：

1. 刮掉餐用具表面的食物残渣；

2. 用含洗涤剂的溶液洗净餐用具表面；

3. 用自来水冲去餐用具表面残留的洗涤剂。

（二）采用洗碗机清洗的，按设备使用说明操作。

二、消毒方法

（一）物理消毒

1. 采用蒸汽、煮沸消毒的，温度一般控制在100℃，并保持10分钟以上；

2. 采用红外线消毒的，温度一般控制在120℃以上，并保持10分钟以上；

3. 采用洗碗机消毒的，消毒温度、时间等应确保消毒效果满足国家相关食品安全标准要求。

（二）化学消毒

主要为使用各种含氯消毒剂（餐饮服务化学消毒常用消毒剂及使用注意事项见附录K）消毒，在确保消毒效果的前提下，可以采用其他消毒剂和参数。

方法之一：

使用含氯消毒剂（不包括二氧化氯消毒剂）的消毒方法：

1. 严格按照含氯消毒剂产品说明书标明的要求配制消毒液，消毒液中的有效氯浓度宜在250mg/L以上；

2. 将餐用具全部浸入配置好的消毒液中5分钟以上；

3. 用自来水冲去餐用具表面残留的消毒液。

方法之二：

使用二氧化氯消毒剂的消毒方法：

1. 严格按照产品说明书标明的要求配制消毒液，消毒液中的有效氯浓度宜在100~150mg/L；

2. 将餐用具全部浸入配置好的消毒液中10~20分钟；

3. 用自来水冲去餐用具表面残留的消毒液。

三、保洁方法

1. 餐用具清洗或消毒后宜沥干、烘干。使用抹布擦干的，抹布应专用，并经清洗消毒方可使用，防止餐用具受到污染；

2. 及时将消毒后的餐用具放入专用的密闭保洁设施内。

附录K

餐饮服务化学消毒常用消毒剂及使用注意事项

（资料性附录）

一、常用消毒剂及使用方法

（一）漂白粉

主要成分为次氯酸钠，此外还含有氢氧化钙、氧化钙、氯化钙等。配制水溶液时，应先加少量水，调成糊状，再边加水边搅拌成乳液，静置沉淀，取澄清液使用。漂白粉可用于环境、操作台、设备、餐饮具等的涂擦和浸泡消毒。

（二）次氯酸钙（漂粉精）、二氯异氰尿酸钠（优氯净）、三氯异氰尿酸

使用时，应将其充分溶解在水中。普通片剂应碾碎后，加入水中，充分搅拌溶解。泡腾片可直接加入水中溶解。使用范围同漂白粉。

（三）次氯酸钠

使用时，应将其在水中充分混匀。使用范围同漂白粉。

（四）二氧化氯

因配制的水溶液不稳定，应在使用前加入活化剂，且现配现用。使用范围同漂白粉。因氧化作用极强，使用时应避免其接触油脂，防止加速其氧化。

（五）乙醇

浓度为75%的乙醇可用于操作台、设备、工具、手部等涂擦消毒。

（六）乙醇类免洗速干手消毒剂

取适量的乙醇类速干手消毒剂于掌心，按照标准洗手方法，充分搓擦双手20~30秒。

二、消毒液配制方法举例

以每片含有效氯0.25g的漂粉精片配制1L的有效氯浓度为250mg/L的消毒液为例：

（一）在专用容器中事先标好1L的刻度线。

（二）在专用容器中加自来水至刻度线。

（三）将1片漂粉精片碾碎后加入水中。

（四）搅拌至漂粉精片充分溶解。

三、化学消毒注意事项

（一）使用的消毒剂应处于保质期，并符合消毒产品相关标准，按照规定的温度等条件贮存。

（二）严格按照规定浓度进行配制。

（三）固体消毒剂应充分溶解使用。

（四）餐饮具和盛放直接入口食品的容器在消毒前，应先清洗干净，避免油垢影响消毒效果。

（五）餐饮具和盛放直接入口食品的容器消毒时应完全浸没于消毒液中，保持 5 分钟以上，或者按消毒剂产品使用说明操作。

（六）使用时，定时测量消毒液中有效消毒成分的浓度。有效消毒成分浓度低于要求时，应立即更换消毒液或适量补加消毒剂。

（七）定时更换配置好的消毒液，一般每 4 小时更换一次。

（八）消毒后，餐饮具和盛放直接入口食品的容器表面的消毒液应冲洗干净，并沥干或烘干。

附录L

餐饮服务业特定的生物性危害、相关食品及控制措施

（资料性附录）

表a.特定的细菌、相关食品及控制措施

细菌	相关食品	控制措施
蜡样芽胞杆菌（由耐热的催吐毒素引起的中毒；由不耐热的腹泻毒素引起的感染）	肉，家禽，淀粉类食物（米饭，马铃薯），布丁，汤，煮熟的蔬菜	烹饪，冷却，保持冷藏或冷冻，保持加热
空肠弯曲杆菌	家禽，生牛乳	烹饪，洗手，防止交叉污染
肉毒杆菌	真空包装食品，低氧包装食品，加工过程中的罐头食品，大蒜–油混合物，烤马铃薯/炒洋葱的烹制时间或温度不当	热处理（时间+压力），冷却，保持冷藏或冷冻，保持加热，酸化和干燥等
产气荚膜梭菌	熟制的肉和家禽，熟制的肉和家禽制品（包括砂锅菜、肉汁）	冷却，保持冷藏或冷冻，再加热，保持加热
大肠杆菌O157：H7（其他产生志贺毒素的大肠杆菌）	生的碎牛肉，生芽菜，生牛乳，未经高温消毒的果汁，被感染者通过粪口途径污染的食品	烹饪，不使用裸手接触即食食品，从业人员健康管理，洗手，防止交叉污染，对果汁进行巴氏灭菌或处理
单核细胞增生李斯特菌	生肉和家禽，新鲜的软奶酪，面团，烟熏的海鲜，熟肉，熟食沙拉	烹饪，标注时间，保持冷藏或冷冻，洗手，防止交叉污染
沙门氏菌属	肉和家禽，海鲜，鸡蛋，生芽菜，生蔬菜，生牛乳，未经高温消毒的果汁	烹饪，使用巴氏杀菌后的鸡蛋，从业人员健康管理，不使用裸手接触即食食品，洗手，对果汁进行巴氏灭菌或处理
志贺氏菌	生蔬菜和草药，被感染者通过粪口途径污染的其他食品	烹饪，不使用裸手接触即食食品，从业人员健康管理，洗手
金黄色葡萄球菌（产生的耐热毒素）	使用裸手接触烹制后的即食食品，且食品的存放温度或时间不当	冷却，保持冷藏或冷冻，保持加热，不使用裸手接触即食食品，洗手
弧菌属	海鲜，甲壳类动物	烹饪，食品来源可靠，防止交叉污染，保持冷藏或冷冻

表b.特定的寄生虫、相关食品及控制措施

寄生虫	相关食品	控制措施
简单异尖线虫	各种鱼类（鳕鱼、黑线鳕、浮鱼、太平洋鲑鱼、鲱鱼、比目鱼、安康鱼）	烹饪，冷冻
绦虫	牛肉，猪肉	烹饪
旋毛虫	猪肉，熊，海豹肉	烹饪

表c.特定的病毒、相关食品及控制措施

病毒	相关食品	控制措施
甲肝病毒和戊肝病毒	贝类，被感染者通过粪口途径污染的任何食品	食品来源可靠，不使用裸手接触即食食品，尽量减少裸手接触非直接入口食品，从业人员健康管理，洗手
其他病毒（轮状病毒，诺如病毒，呼吸道肠道病毒）	被感染者通过粪口途径污染的任何食品	不使用裸手接触即食食品，尽量减少裸手接触非直接入口食品，从业人员健康管理，洗手

注：本附录表格源自美国《FoodCode2017》附录4零售业特定的生物性危害、相关食品和控制措施。

附录M

餐饮服务业食品原料建议存储温度

（资料性附录）

1.蔬菜类

种类	环境温度	涉及产品范围
根茎菜类	0~5℃	蒜薹、大蒜、长柱山药、马铃薯、辣根、芜菁、胡萝卜、萝卜、竹笋、芦笋、芹菜
	10~15℃	扁块山药、生姜、甘薯、芋头
叶菜类	0~3℃	结球生菜、直立生菜、紫叶生菜、油菜、奶白菜、菠菜（尖叶型）、茼蒿、小青葱、韭菜、甘蓝、抱子甘蓝、菊苣、乌塌菜、小白菜、芥蓝、菜心、大白菜、羽衣甘蓝、莴笋、欧芹、茭白、牛皮菜
瓜菜类	5~10℃	佛手瓜和丝瓜
	10~15℃	黄瓜、南瓜、冬瓜、冬西葫芦（笋瓜）、矮生西葫芦、苦瓜
茄果类	0~5℃	红熟番茄和甜玉米
	9~13℃	茄子、绿熟番茄、青椒
食用菌类	0~3℃	白灵菇、金针菇、平菇、香菇、双孢菇
菜用豆类	11~13℃	草菇
	0~3℃	甜豆、荷兰豆、豌豆
	6~12℃	四棱豆、扁豆、芸豆、豇豆、豆角、毛豆荚、菜豆

2.水果类

种类	环境温度	涉及产品范围
核果类	0~3℃	杨梅、枣、李、杏、樱桃、桃
	5~10℃	橄榄、芒果（催熟果），
	13~15℃	芒果（生果实）
仁果类	0~4℃	苹果、梨、山楂
浆果类	0~3℃	葡萄、猕猴桃、石榴、蓝莓、柿子、草莓
柑橘类	5~10℃	柚类、宽皮柑橘类、甜橙类
瓜类	12~15℃	柠檬
	0~10℃	西瓜、哈密瓜、甜瓜和香瓜
热带、亚热带水果	4~8℃	椰子、龙眼、荔枝
	11~16℃	红毛丹、菠萝（绿色果）、番荔枝、木菠萝、香蕉

3.畜禽肉类

种类	环境温度	涉及产品范围
畜禽肉（冷藏）	–1~4℃	猪、牛、羊和鸡、鸭、鹅等肉制品
畜禽肉（冷冻）	–12℃以下	猪、牛、羊和鸡、鸭、鹅等肉制品

4.水产品

种类	环境温度	涉及产品范围
水产品（冷藏）	0~4℃	罐装冷藏蟹肉、鲜海水鱼
水产品（冷冻）	–15℃以下	冻扇贝、冻裹面包屑虾、冻虾、冻裹面包屑鱼、冻鱼、冷冻鱼糜、冷冻银鱼
水产品（冷冻）	–18℃以下	冻罗非鱼片、冻烤鳗、养殖红鳍东方鲀
水产品（冷冻生食）	–35℃以下	养殖红鳍东方鲀

分送：各省、自治区、直辖市食品药品监督管理局，新疆生产建设兵团食品药品监督管理局。

国家市场监督管理总局办公厅

2018年6月25日印发

青海省拉面食材国家标准有效性

概述：

青海拉面是一种当地的特色风味面食，为了保证青海拉面的各种食材符合国家有关规定的标准和切身维护广大消费者的合法权益，特制定了本标准。

本标准适用于制作青海拉面的小麦粉、食用植物油、食醋、食品添加剂、菌类、氯化钠、谷氨酸钠、辣椒面、食品中的蛋白质、脂肪、总砷、食品微生物学检验、葡萄球菌、铅、香辛料调味品、鲜冻牛肉等原料进行标准检验。

GB/T1355—1986　小麦粉

GB2716—2005　食用植物油卫生标准

GB2719—2003　食醋卫生标准

GB2760—2014　食品安全国家标准，食品添加剂使用标准

GB4789.2—2016　食品安全国家标准，食品微生物学检验，菌落总数测定

GB4789.3—2016　食品安全国家标准，食品微生物学检验，大肠菌群计数

GB4789.4—2016　食品安全国家标准，食品微生物学检验，沙门氏菌检验

GB4789.5—2012　食品安全国家标准，食品微生物学检验，志贺氏菌检验

GB4789.10—2016　食品安全国家标准，食品微生物学检查，金黄色葡萄球菌检查

GB4789.11—2014　食品安全国家标准，食品微生物学检验，B 性溶血性链球菌检验

GB5009.5—2016　食品安全国家标准，食品中蛋白质的测定

GB5009.6—2016　食品安全国家标准，食品中脂肪的测定

GB5009.11—2014　食品安全国家标准，食品中总砷及无机砷的测定

GB5009.12—2017　食品安全国家标准，食品中铅的测定

GB/T5461—2016　食用盐

GB/T9960—2008　鲜、冻四分体牛肉

GB104651—989　辣椒干

GB/T12457—2008　食品中氯化钠的测定

GB/T15691—2008　香辛料调味品通用技术条件

QB/T1500—1992　味精

GB/T28183—2009　辣椒粉

白萝卜、蒜苗、香菜应采用新鲜的，色泽鲜艳、无霉烂、无变质、无虫蛀。

青海省质量技术监督局

2017 年 10 月 27 日

后 记

我是 1989 年夏天第一次到化隆县时，吃到清汤牛肉面的，在此之前，我一直认为我们门源县的青稞长饭，特别是我母亲做的青稞面长饭、钢丝面是最好吃的。待吃了化隆人民做的拉面之后，我才意识到各地的穆斯林都有他们引以自豪的美食佳肴。第一次品尝化隆拉面给我留下了非常美好难忘的印象。

后来，随着对青海拉面研究的逐步深入，我对青海拉面的特色也有了更进一步的认识。青海拉面为什么遍布全国，久盛不衰呢？我认为有三点值得同行借鉴：

一是高超的拉面功夫，青海拉面是一碗“致富面”，勤劳的化隆人民很早就走出了大山，身怀拉面绝技走上了谋生的道路。在经营中唯独将拉面做成了特色食品，并下功夫钻研拉面技术，形成一套自成体系的拉面方法和技巧，面粉用上等的拉面专用粉，揉制成面团，和面时淋入温盐水，拌成絮状，再揉和均匀，揉成团时要做到“三遍水，三遍灰，九九八十一遍揉”。其中的灰实际上是碱，却又不是普通的碱，而是用戈壁滩所产的蓬草烧制出来的碱性物质，俗称蓬灰。加进面里，有一种特殊的香味，且能使面筋韧有劲。面团饧好后，用双手搓成 1 千克多重的长条，抓住面的两端，拉长合拢，始此反复数次，即可按要求拉成各种形状的面条，由顾客随意挑选。面条又筋又光在沸水里稍煮一下。即：捞出、柔韧不粘，有句顺口溜形容往锅里下面，很有意思“拉面好似一股线，下到锅里团团转，捞到碗里连花瓣”，拉面是实践性很强的真功夫，其方法和技巧只能由师傅身传言教，面授机宜，弟子要边悟边学，方能渐入其境界。拉面是技术含量较高的品种，其方法和技巧，甚至很难用文字表达。

二是独到的调汤做肉技术。任何成名品种，都有其拿手绝活，我认为拉面的绝活就是调汤。经营青海拉面的师傅们非常重视调汤工艺，早年是用煮牛羊肉肝的汤兑入牛肉汤，勾成清香美味的牛肉汤。顾客进门，先捧上一碗牛肉汤，放些香菜和醋，喝后令人感到芳香四溢，增进食欲。青海拉面按原有的方法精心制作外，特别是在牛肉汤的“清、味、质”上狠下功夫。制汤过程是先把牛大骨汤烧开，打去浮沫，加少许白矾澄清，舀于另锅置火上，加入草果、花椒、姜皮、桂皮、食盐等煮开后贮于缸内待用，青海拉面有专卖店每天总是“以汤销面”没有牛肉清汤时，宁可顾客虚此一行，明天再来，也决不马虎凑合。常有人自夸青海拉面汤是“开胃汤”，不少人喝了一碗想两碗，倒也不是夸大其辞，这也正是其久负盛名的绝招之所在，正宗牛肉面的用肉，一般分炒和煮两部分制作。

三是汤、面、肉的别致调配，厨师炒菜都有一个体会，复合味菜肴难于基本味菜肴，就是说要把不同的滋味调制成一个协和的口味，就是要掌握调配的技巧。

青海拉面把汤、面、肉有机制地调配成一体，有吃有喝，有滋有味，精心制作，老幼

皆宜，请看面条出锅捞入碗里，舀上牛肉汤撒上香菜和肉丁，调些辣子油，当一碗香喷喷的清汤牛肉面端到你面前时，白里乏黄的拉面，绿茵茵的是香菜，红红的油点子是油泼辣子，酱色油亮的是牛肉丁，这些都是浸在清亮香醇的肉汤里，如此美食，能不诱人食欲?

牛肉面的辅料很有特色，也是调配的一个重要组成部分。青海拉面师傅十分重视辅料萝卜片的做法，均按日需量购进，以免糠心，做法是先将萝卜洗净去其毛根和头尾，切成长形或扇形的片，放在水锅里焯一下，然后放入冷水浸漂，再入牛肉汤里煮，这样可以去其异味吃起来软硬适口。油泼辣子的做法也很有讲究，先将菜油烧热放入花椒粒、草果、姜皮等过油，然后捞出再放入辣子面即成。吃时盛在牛肉面上，香味扑鼻，油点晶莹透亮，给人以美的享受。

由于化隆人民的苦心经营，饭菜质量不断提高，使青海拉面达到色、香、味、形方面俱佳，一碗成功的青海拉面应该是一清二白三红四绿五黄。青海拉面的师傅对牛肉面有严格的质量要求，用专业话说“汤要清者亮，肉要烂者香，面要细者长”，在经营青海拉面的几十年里，青海拉面师傅们掌握了顾客的爱好，经常站在灶头，手不离勺，按照不同顾客的要求精心烹制每一碗面。

现在青海拉面已成为青海省清真小吃的主要代表，也是青海省成为清真餐饮业的骄傲。勤劳智慧的青海穆斯林已把牛肉面推广到全国各地。今天，无论在南国广州，还是北国哈尔滨，乃至青藏高原，你都能尝到正宗的青海拉面。